YOUTH WISDOM

魏世杰爷爷讲故事

航天传奇

魏世杰 著

U0216611

热爱科学
志在高远

魏世杰

电子工业出版社

Publishing House of Electronics Industry

北京·BEIJING

图书在版编目（CIP）数据

航天传奇 / 魏世杰著 . -- 北京 ： 电子工业出版社，2025. 4. -- ISBN 978-7-121-49963-0

Ⅰ . V4-49

中国国家版本馆 CIP 数据核字第 2025H9W378 号

责任编辑：仝赛赛　　文字编辑：吴宏丽

印　　刷：北京宝隆世纪印刷有限公司

装　　订：北京宝隆世纪印刷有限公司

出版发行：电子工业出版社

　　　　　北京市海淀区万寿路 173 信箱　　邮编：100036

开　　本：720×1000　　1/16　　印张：8　　字数：153.6 千字

版　　次：2025 年 4 月第 1 版

印　　次：2025 年 4 月第 3 次印刷

定　　价：39.80 元

凡所购买电子工业出版社图书有缺损问题，请向购买书店调换。若书店售缺，请与本社发行部联系，联系及邮购电话：（010）88254888，88258888。

质量投诉请发邮件至 zlts@phei.com.cn，盗版侵权举报请发邮件至 dbqq@phei.com.cn。

本书咨询联系方式：（010）88254510，tongss@phei.com.cn。

　　小时候，每当点燃"钻天猴"，看着它冒着火飞向天空时，我的心情总是特别激动；长大后，我有幸加入国防科研的队伍，亲眼看到长征火箭将卫星送入太空，心中的自豪和喜悦之情更是难以言表。

　　航天科学是当代最富有挑战性的前沿科学之一，它对人类社会的发展有着极其深远的意义；它的发展之快，取得的成就之大，是大家有目共睹的。而航天的主要工具就是火箭，火箭的发明使人类从地球母亲的怀抱里挣脱出来，走进了宇宙大世界。

　　火箭的故乡在哪里？谁是宇宙航行的开拓者？人是怎样踏上月球的？火箭会遇到哪些危险？太空中可以种花种草吗？……你想知道吗？在人类征服太空的历程中有许许多多令人难忘的故事，有些故事十分惊险，相信你会喜欢的。而在讲述这些故事的同时，我也将告诉你关于火箭和航天的科学知识。

在当今条件下，宇航员是很少的，多数人不能亲自乘坐火箭升天，不能在宇宙飞船里浏览太空景观，希望这本书能为你弥补这一遗憾。如果你读了这本书，有一种亲临其境的感觉，感到兴奋、新奇，我就很欣慰了。

目录

火箭的故乡在中国

苏联科学家齐奥尔科夫斯基说过这样一段话:"地球是人类的摇篮,但人类不能永远停留在摇篮里。开始,他将小心翼翼尝试着飞出大气层,然后,将征服太阳系。"

人类的航天史是一部伟大的激动人心的史诗,它集中了全人类的智慧、勇气和创造力。在这部伟大的史诗中,中国占据了一个重要的位置。

火箭是航天的重要工具,古代的火箭是中国人发明的。据说关于火箭最早的记载出现在三国时期。当时蜀国丞相诸葛亮率军进攻陈仓,魏国守将郝昭在射出的箭上装了火把,然后把箭射出去,焚烧了蜀军攻城的云梯,从而有了"火箭"之名。

中国古代四大发明中有一项是火药。中国古代科学家最早运用火药燃烧生成的气体产生的反作用创制的火箭,在现代航天科学家的手中已发展成运载宇宙飞船升空的大力神。

"地老鼠"和 "神火飞鸦"

火药是炼丹家无意中发现的。军事家得知后，很快便将它用于军事上。例如，利用它能燃烧、爆炸的性质制成了许多攻击性兵器，像"霹雳火焰""毒烟火球""混元球""火妖"等。

火箭的发明人是谁，已无从考证，然而利用火箭原理制成的第一个可飞行的物品竟是"地老鼠"。

故事发生在南宋时期。这一天是元宵节。

宋理宗在太监和宫女的簇拥下兴致勃勃地来到前宫庭院。

"禀报陛下，百官都已到齐，烟火也准备完毕，可以开始了。"一个内侍跪着说。

"喔，很好。"宋理宗看了看琳琅满目的各色彩灯，忽然问道，"太后呢？"

"太后身体不适，说不来了。"

"昨天不是挺好的吗？去，告诉她，今晚的热闹可治百病，一定要来。"

不一会儿，太后来了。她凤冠霞帔，满身珠光宝气，但面容瘦削，在宫女的扶拥下慢慢走来，似乎弱不禁风。

"开始吧！"宋理宗手一挥。

顿时，各色花炮和烟火齐开，宽敞的庭院变成了火树银花的海洋。匠人们忙碌着、奔跑着。那焰火的模样千奇百怪，有的像花卉，有的像百兽。它们在空中飞舞着、变幻着，并发出呼啸的声响。

大家一时都看呆了！ ●————○ 当时的烟火无法射得很高，因此，院内很快充满硝烟。太后忍受不住，咳嗽起来。

"停！"一位大臣喊起来。

"还有别的花样吗？"宋理宗意犹未尽，问内侍。

"有一种最新的花炮，名叫地老鼠，但匠人不肯表演，怕惊动陛下。"那内侍嗫嚅着说。

"岂有此理！朕乃堂堂天子，竟会怕只'地老鼠'！传匠人来！"宋理宗生气了。

很快，一位年轻匠人来到宋理宗面前，俯伏在地。
"'地老鼠'是你造的吗？"宋理宗问。

"是小人制作的，但这火炮很难控制，到处乱钻。乡下人性野胆壮，爱其有趣，但宫闱重地，却是万万放不得的。"那年轻匠人回禀说，"万一有个差池，小人吃罪不起。"

"哼！"宋理宗不以为然，说道："你只管放来，我倒要看看它有什么了不起！"

那匠人无奈，只得遵命。他从袋中取出一捆纸筒状的东西，摆在地上。他正要用引火绳点火，忽又停下，说："诸位大人请靠后站，最好到高台上去……"

"快放吧！别自讨没趣！"一位太监对他说。

那匠人把药芯子点燃了，那一捆"地老鼠"瞬时像获得了蓬勃的生命，屁股上喷着火焰，满地乱钻起来。众人从来没见过这阵势，立刻大乱，东躲西藏。"地老鼠"的吱吱声和人们的惊叫声响成一片。有一只"地老鼠"在院内窜了一阵，突然掉转方向，向太后座下钻去。太后吓得尖叫一声，站起就走。那"地老鼠"却像不懂事的孩子一般，尾随而来，直钻入太后长裙之下。太后这一惊非同小可，立刻瘫倒在地。

"来人，把这妖人拿下！"宋理宗勃然大怒。侍卫们立即冲向那匠人，将他捆绑起来。

南宋的史书上除记载了这段有趣的故事以外，还记载了制作小火箭的方法："用小火杆长四尺二寸，铁镞长四寸五分，翎后钉铁坠长四分，前绑低桶起火。放时有穿龙形架，或装竹木桶，取其便也……"

最初的火箭火力小，射程短，主要作观赏用。明朝时期，以火药为动力的火箭正式作为武器登上了战场。这里，我要讲一个"神火飞鸦"的故事。

1363 年，朱元璋和陈友谅两支军队在鄱阳湖进行最后的决战。

这天，朱元璋正在军帐内议事，忽然探子前来报告军情："大事不好，故军出动全部战船马队，正星夜兼程向我军奔来！"

"当真？"朱元璋惊问。

"千真万确，前锋已临近洪波口。"探子说。

朱元璋走到帐外，见风吹旌旗沙沙作响，不禁笑了起来，说："天助我也！"

"但陈友谅的战船没有连在一起，恐怕用赤壁之战的火攻未必有效。"军师站在一边，摇着头说。

"可你知道，今天不是三国年代了。我们有了飞行灵活的'神火飞鸦'！"

"噢——"军师恍然大悟，也笑了。

这"神火飞鸦"的结构极其奥妙，在此我略作介绍。1621 年出版的兵书《武备志》中说，"神火飞鸦"是用竹篾或细苇编成篓子，外面用绵纸封牢，里面装满火药，前后分别安上头、尾，两旁安上纸制的翅膀。升空后，它看上去很像是一只乌鸦在飞翔。

"乌鸦"身子下面斜插着四支供起飞用的"火箭"。"乌鸦"背上钻一眼，用引火线和"火箭"尾部连在一起；使用时将"乌鸦"的头对准目标，点燃火箭，火药燃烧产生推力，"乌鸦"便腾空而起，可在空中飞行 100 多丈（1 丈 ≈ 3.33 米）远。到达目标时，"火箭"力量耗尽，落入敌阵。这时，引火线又将"乌鸦"肚内的火药引燃，产生爆炸。爆炸产生的火焰进而将易燃物点着，引起大火。

闲言休说。那陈友谅亲率战船前来偷袭，来到朱元璋的水寨前时没有听到一点儿声息。

"太好了，分路进击！"陈友谅命令道。

忽然，一声锣响，许多"乌鸦"喷射着火焰冲天而起，直向战船队飞来。刹那间，船上大火熊熊。兵士们见状不妙，纷纷跳水逃命。

"快撤！"慌乱之中陈友谅命令道。

这时，只听战鼓"咚咚"直响，朱元璋指挥着战船冲杀过来。船上兵士用带有火药包的箭向对方猛射，更加剧了火势，湖面变成了一片火海。

陈友谅大败而归，但他并不甘心。

他通过侦察得知，朱元璋的粮草仓库都建在湖边，防守不甚严密，很适合用火攻，但他一时搞不清"火乌鸦"的秘密，就组织一批匠人制成一种名叫"火兽"的兵器。这实际上是一种靠人力推动的小车，周围糊上纸，画上虎、豹等凶猛动物的图案，做成"火兽"。"火兽"耳内藏有烟瓶，口内装有喷筒，眼内装有火药。他用这种兵器袭击朱元璋的仓库，也取得了满意战果。

"火兽"的缺点是不能自行运动，和"火乌鸦"相比还是逊色多了。

最早的多级火箭

"神火飞鸦"，用今天的话说，是单发单级火箭。它的原理是火药燃烧产生大量气体，这些气体向后喷射时产生反作用力，推动火箭向前运动。

火药的特点是燃烧时不需要借助空气中的氧气，它的成分中就有含氧的物质，所以在没有空气的地方（如太空），火药仍然可以燃烧，并产生强大推力。

这就是火箭可以用于航天活动的根本原因。当然，航天活动必须用高能燃料才行，不能用黑火药，因为黑火药产生的推力太小了。

我国不仅有单发单级火箭，也有多发火箭和多级火箭。

下面我要讲的就是这两种火箭的故事。

明朝建文元年，即1399年，燕军入侵中原，长驱直入，在建文二年（1400年）逼近白沟河一带（今河北省雄县、容城、定兴三县交界区域）。

这一天，守将李景隆站在城楼上观察敌情。

"敌军立足未稳，我们必须在今夜出击。"李景隆对手下的将军们说。

"可是，敌众我寡，怕难以破敌。"有一位将军提出不同看法。

"不妨事。"李景隆手一挥说，"最近，我们不是制造了威力很大的'一窝蜂'吗，正好试验一下。"

将军们交头接耳，议论起来。他们对这种新兵器并不知晓。不一会儿，士兵抬来了许多"木桶"。这些"木桶"上大下小，放在地面上很不稳固；桶上面有一个盖子，打开看时，里面有两层安置火箭的隔板，隔板上摆满火箭。

"一、二、三……"一位将军很感兴趣，数起火箭来。不一会儿，他喊道："好，共有33支呢！这可真是名不虚传的'一窝蜂'！"

"这'一窝蜂'来之不易呀！"李景隆说，"你们都知道，单发的火箭只能攻击一个目标，杀伤范围很有限。明初，有人将五支火箭的引芯联在一起，制成'五虎出穴箭'，威力大多了。后来，又有人想继续增加火箭的个数，可屡遭失败。因为数量一多，同时点火很困难；弄得不好，前面的挡住了后面的，还容易烧伤自己。"

晚上，月光皎洁。正在酣睡的燕军士兵，被突然响起的战鼓声惊醒。他们急忙披挂上马，准备应战，但见从营房周围射来许多火箭。这火箭像雨点一样密集，令人眼花缭乱。燕军有人中箭倒地，有人战袍冒火。他们四下张望，却不知这些火箭是从哪里射来的，一时阵脚大乱。顷刻间，燕军营房燃起大火，更多的火箭从天上降落下来。燕军见势不妙，只得狼狈逃去。

据史书记载，明代的多发火箭除了"一窝蜂"，还有"长蛇破敌箭"（30支），"群豹横奔箭"（40支），"飞镰箭"（49支）和"百虎齐奔箭"（100支）。它们的射程一般为几百步，是步兵的重要兵器之一。

如何进一步提高火箭的射程呢？

火箭是靠火药的燃烧产生推力的。一支火箭内的火药装量是有限的，火药烧完了，推力也就消失了；失去了推力，火箭就会降低速度，慢慢落下来。

而多发火箭不管有多少支，都同时点火，其中一支火箭的火药烧完时，其他火箭的火药也都烧完了。所以，虽然多发火箭的杀伤范围增大了，但射程是不会增加的。

要增加射程必须采用多级火箭。

这一天，明朝的许多将军策马来到河边，河岸上摆着一条大"龙"。

一个年轻的匠人看到将军们到来，急忙上前跪拜。

"这条龙能在空中飞行三里路吗？"一位将军冷冷地问。

"是的。"年轻匠人坚定地说。

"就是说，它可以飞到对岸？"将军用马鞭指了指对岸。这大河烟波浩渺、十分宽阔，对岸的景物看起来也模模糊糊的。年轻匠人点了点头作为回答。

"那好，如真有此事，我们将重重赏你。不过，要是你说谎行骗，可别怪我不客气！"将军下马，郑重其事地说。

这条"龙"的头和尾雕刻得很像龙，可身子上没有鳞片，却是一段长约五尺（1尺≈0.333米）的毛竹筒子。"龙"头下面插着两支大火箭，每支足足有一斤半重，"龙"尾上也插着两支大火箭。

"将军们请让开！"年

轻匠人和几个助手把"龙"放置在一个架子上，让"龙"头对准大河。

"慢一点！"一位将军说，"这龙的肚子里装的是什么东西？"

"这个——"年轻匠人狡黠地笑了一下说，"等一会儿您就明白了。"

年轻匠人拿起火绳将导火索点着。瞬时，插在"龙"身上的四支大火箭同时发火；随着烟火的喷射，"龙"腾空而起，直向对岸飞去。

将军们看到这"龙"行动得如此敏捷，不禁暗暗称奇。但是他们很快又拉下脸来，因为那"龙"飞到河中央时便开始下降了！

"哼！"一位将军讥讽地说，"看来，你的'火龙'要变成'水龙'了！"

可说时迟那时快，就在"龙"身上的火箭快烧完之际，"龙"口的四支火箭又喷射出烈火来，"龙"继续向对岸飞去。

"龙"的气力耗尽，坠进水里，可从它口中喷出的四支火箭却一直射到了对岸。人们隐约看到，对岸升起一团浓烟。

将军们看到这神奇的"飞龙"表演，一时愣住了，不知说什么好。

半晌，大家才醒悟过来。

"这'龙'很有用，太神了！"一位将军有些忘形地说，"试想，敌军尚在三里以外，我们便可进行空中猛袭。"

"你是怎么想出这个法子的？"另一位将军问年轻匠人。

"这个其实并不难，就像驿站送信一样，一匹马跑一段路。这匹马没劲了，换上另外一匹，继续赶路。还有，人要是背着重东西跑路，跑得就慢，把东西扔掉，跑得就快。所以，我的'龙'分成两段。身上的四支火箭跑第一段，肚子里的四支火箭跑第二段，而第二段火箭一旦从'龙'口中喷出，笨重的'龙'身子就掉到水里了，以减轻火箭的重量……"

这位年轻匠人讲得很有道理，这是航天技术的基础，这条"龙"就是多级火箭的雏形，没有多级火箭，就没有人造卫星和宇宙航行，这一发明是我们中国人的骄傲。这位年轻匠人是谁，史书中并无记载，但这"火龙出水"的兵器却出现在史书中，并配有插图，因而它的存在是确凿无疑的。

往返式火箭和万户

  火箭可以安全返回，这对于航天活动是极为重要的。我国明代出现的一种名叫"飞空砂筒"的火箭就是最早的往返式火箭。

  下面的故事就是关于飞空砂筒的。明代有一个发明家，名叫赵士祯。

  有一天，一位将军模样的军官来到他的书房。当时正在打仗，军官直截了当地说明来意："我们已经查明，敌酋们今夜要在战船上集会议事。俗语说得好，擒贼先擒王。这是一个天赐良机。我们想前去偷袭，使用飞空砂筒配合，但这东西射得不准，听说你发明了一种火箭溜子。"

  赵士祯从柜子中取出一个圆筒状的物件，说："有这么回事，就是这个。"

  他接着说："以前的火箭施放时一般由人直接用手举着，方向很难把控。火箭溜子就是解决这问题的。你看，这后面有把手，可用手握住；里面有滑槽，可放置火箭。不过，如果方便的话，我想和你们一起去……"

"那更好了，晚上我来接你。"

入夜，湖面上一片寂静。

这是大战前的沉寂。透过芦苇丛看出去，敌人的战船密密麻麻，排列在远处水面上，它们像一群凶猛的怪兽，随时会向陆地扑来。

"哪只船上有头目聚会？"赵士祯伏在船上，眺望远方。●────

飞空砂筒是什么样儿，这里要略作说明。它是一种特殊的火箭，箭身由薄竹片制成，长七尺有余。竹片两侧各绑着一个火箭药筒，里面装满火药。可这两个药筒的方向是相反的，一个头朝前，一个头朝后。头朝前的药筒将使火箭向敌人飞去，头朝后的药筒将使火箭返回。火箭顶端有拴矛状铁须，还有含毒药的细砂和燃烧药，用引信与药筒相连接。

"看，船头挑着红灯、周围有几只船护卫的就是。"那军官悄声说，"先生，准备吧！"

"准备好了！"赵士祯将飞空砂筒装进溜子，对准敌船。

"下水！"那军官一声令下，士兵们跃身跳下水去，向敌船潜游过去。

敌船上宴会正开得热闹，觥筹交错，吆二喝三，闹得乌烟瘴气。大头目满脸杀气，正举杯狂饮，忽听"啪""啪"两声巨响，船篷上刺进几个铁爪，船帆上也刺进一个颀长的"怪物"。

胆大的士兵拥上前去。只听"轰"的一声响，火焰夹着毒砂四散喷射，几个人眯了眼睛，痛得在地上直打滚，船篷和帆也着起火来。

"快，拔下这喷火的怪物！"敌酋们大喊大叫，冲向前去。就在这时，忽听"吱"的一声响，那"怪物"竟从头上向前喷火，拔出铁爪，径直向后退去。转瞬间，一边后退一边喷火的怪物竟消失在黑暗之中。

敌酋们面面相觑，惊得说不出话来。

正发愣时，人们忽听"吱吱"声响，原来怪物又飞了回来。同时，船底冒出一群手执钢刀的好汉。他们翻身上船，一顿胡砍乱杀。敌酋们惊恐中急忙操刀应战，但为时已晚。

在航天技术中，飞船的返回问题是非常重要的。试想，飞船如果只能单方向飞行，一去不复返，谁还敢坐进它的舱内？

飞船的动力就是火箭，现代火箭的返回使用了最新的科学技术，但它的基本原理却和"飞空砂筒"没有什么两样。火箭向后喷射，则前进；向前喷射，则后退，如此而已！明代"飞空砂筒"这一杰出成就很是值得我们自豪。

不仅如此，明朝还出现了一位宇航的先驱者——万户。

这"万户"二字是他的真名字还是他的官职，现已无从查考，但是，他的事迹却永远被人们所传颂。

这大概是1500年的某一天。

"爸爸，妈妈不许你再试验了！"一小男孩冲进后花园喊道。

"孩儿，"一位中年官吏从木架上走下来，亲切地摸着他的头说，"你妈妈的病好些了吗？你怎么离开她了？"

"爸爸，别试验了，求求您。"孩子眼里含着泪花说，"我们的家产已经不多了。妈妈整天为您担惊受怕，病情越来越重。亲戚也都疏远了我们，眼看您的官职也保不住了。"

"孩子，我对不起你妈妈和你，"那官吏说，"可要我放弃试验，那是办不到的。我深信不疑，人可以乘火箭上天旅行。也许我办不到，但我相信，这个办法能行！你来看。"

这个中年官吏就是万户。他在后花园中布置了一座火箭发射"塔"——实际上是一个简陋的木架子。架顶有一

把大椅子，椅子下面整整齐齐捆绑着47支当时最大的火箭。引火的线也捆在一起。

"为什么要用这么多火箭？"男孩问，"这太危险了！"

"我试验过，要把一个人推上天去，至少要用这么多火箭。这次试验，我很有把握。"万户一边领着儿子参观，一边解释说，"人坐在椅子上要拿两只大风筝。当火箭把人推上天后，风筝张开，人可凌空飞翔，并可借助风筝安全飘落下来。"

男孩仔细听着，最后他问万户："试验日期定了吗？""明天。"

翌日，阳光灿烂，万里无云。万户衣着整齐，爬上了"塔"顶的座椅。他神情坚毅地对仆人说："点火吧！"

"等一等！"忽然，有人喊叫起来。万户回头看时，只见他的儿子气喘吁吁地跑来。男孩爬上"塔"顶，一边抢爸爸手中的风筝，一边说："让我来，爸爸！我和妈妈商量好了，我的身体好、力气大，成功的希望更大。"

"不行！"万户推开他，说，"如果你叫我爸爸，就听我的话。"

孩子无奈，含泪退了下来。

"点火！"万户发出命令。仆人点燃了导火索，顷刻，47支大火箭一齐发射，烈火浓烟向下喷射，座椅腾空而起。

忽然，空中发生了猛烈的爆炸，顿时烟雾弥漫、碎片乱飞，地面上的人急忙俯伏在地，周围什么也看不清。待烟雾消散，万户已经消失得无影无踪了。

这是人类第一次利用火箭作动力的升空飞行。虽然它以失败而告终，但却指出了一条崭新的道路。为了纪念这位宇航先驱者的伟大创举，国际天文学联合会把月球背面的一座环形山命名为"万户"。

不屈不挠的先驱者

巨大的火箭将宇宙飞船推进太空的景象是很壮观的。你可知道，为了这一天的到来，有多少人付出了多么沉重的代价。他们所付出的不仅仅是智慧和劳动，还有鲜血和生命。

最早提出航天理论的人，曾被人看成是疯子。他们在演讲时受到嘲笑甚至辱骂。但为了实现理想，他们废寝忘食，甚至倾家荡产；有的在被宣判死刑之后还抓紧时间，将自己的设计方案写成文字留给后人。

这些先驱者是富于幻想同时又脚踏实地的人。他们把伟大的目标和不屈不挠的努力结合起来，终于翻开了人类征服宇宙的第一页。

奇怪的房客

万户的大无畏精神是值得钦佩的。

但当时的生产力水平还不可能支持载人火箭的制造，一系列的理论问题还没有解决。

例如，如何设计火箭？怎样计算燃料的数量和推力？火箭的速度怎样计算？如何保证火箭上人员的安全？

在这些问题被解决之前，贸然进行载人试验是很危险的，也是不可能成功的。

最早提出火箭计算公式的是一位俄国科学家，他叫齐奥尔科夫斯基。他的公式表达了火箭质量、燃料质量和火箭最终速度的关系，为火箭飞行设计打下了理论基础。

齐奥尔科夫斯基，1857年出生于俄罗斯一个贫穷的家庭。10岁时他得了猩红热，听力大大减弱，从而失去了上学的能力。不久，母亲也病逝，他只能在父亲的辅导下自学。

"你在干什么？"有一次，父亲发现他在地上乱涂乱画。"我想证明一下勾股定理。"他指着地上的图案说。那是一个直角三角形和三个矩形。他郑重地说："如果勾股定理是对的，那么，这两个小矩形的面积应当等于那个大矩形的面积，这只要量一下就行了。"

父亲是个有远见的人。他看到儿子好学上进、脑子也聪明，决心送他上大学。齐奥尔科夫斯基来到了莫斯科，但却到处碰壁。试想，哪所大学会要一个没有学历的聋子呢？

"既然出来了，就不应该空着手回去。"他想。于是，他在一个洗衣妇那里租了一个房间住下了。每天天刚亮，他就来到鲁勉柴夫斯基博物院，等待图书馆开门；晚上闭馆时，他总是最后一个离开。他如饥似渴地读着高等数学、物理学、化学、天文学、电工学、机械管理、哲学和历史等书籍。父亲每月只寄来 10 个卢布供他生活。他精打细算，除了每天买 8 两面包外，剩下的钱全部买了书。

他一天比一天消瘦，眼里经常布满血丝，但他的精神很充实、很饱满。他从书籍中汲取了营养，大开眼界，胸襟也感到格外开阔。

这年夏天，他的房东发现他两天没有出门，只听到房间里偶尔传出金属敲击声和锉磨声。到第三天清晨，房东忽然听到柜子翻倒发出的一声巨响。

她跑进去一看，惊呆了：房间里到处都是金属杆、金属片之类的东西，它们奇形怪状，东倒西歪，书籍和图纸散落一地。齐奥尔科夫斯基倒在地上，口吐白沫，两眼发直，什么话也说不出来。

邻居们都赶来帮忙。经过医生的抢救，他总算苏醒了过来。"小伙子，"医生问他，"你的胃里空空的。我们判断，你至少有三天没吃饭了吧？"

"没关系，我经常这样。"他的声音微弱到人们几乎听不见。

"这可不行！"医生摇了摇头说，"按你目前的状况，必须增加营养。"

"不，我能坚持。金属飞行器快研制成功了，还差最后一个零件。"他的眼睛闪烁着希望的光芒。

1880年左右，齐奥尔科夫斯基以优异的成绩通过考试，取得了中学教师的资格。他来到巴洛夫斯克县城，在那里一边教学一边继续研究航天技术。他的房间里仍然摆满仪器和模型，孩子们经常来看他表演。有一次，他表演火花放电，孩子们的头发受静电感应一根根地竖立起来，有的孩子害怕得尖声大叫。还有一次，狂风大作，人们发现，齐奥尔科夫斯基像疯了一样披上一条床单冲出门去，在风中跑着、跳着，嘴里还念念有词。

对于这个"怪人"，多数人抱着讥讽和嘲笑的态度，有一个姑娘却同情他、爱护他。这个姑娘名叫索科洛娃，是齐奥尔科夫斯基房东的女儿。不久，他们正式结了婚。

"你会后悔的。"齐奥尔科夫斯基在新婚之夜对索科洛娃说，"我是聋子，不会赚钱，而且喜爱空想。"

"不，不是空想！"索科洛娃热情地说，"你的事业是神圣而伟大的，我要尽力帮助你去实现它！"

"你会受苦的，索科洛娃！"

"两个人分担总比一个人好得多！"

新生活开始了。当时俄国的莫扎伊斯基制造飞机惨遭失败。齐奥尔科夫斯基决定从研究金属飞行器入手，系统总结飞行理论。索科洛娃含辛茹苦，一切都是为了齐奥尔科夫斯基的飞行研究。家里到处堆满了仪器、书籍和材料，但常常找不到一块黑面包。婚后他们生了三个孩子，负担更重了，但齐奥尔科夫斯基的研究工作始终没有中断。

1887年的一天，齐奥尔科夫斯基应自然科学爱好者协会的邀请来到莫斯科。

"先生们，"他站上讲台开始了生动而精辟的论述，"飞行器的阻力不仅仅决定于飞行器的形状，还与飞行的速度密切相关。"

听众们很快被他的演讲吸引住了。著名科学家斯托列夫听完他的报告后，立刻来找他。

"你的试验是在哪儿做的？"教授问。

"在屋顶上。"齐奥尔科夫斯基笑着说，"这还是索科洛娃的建议呢！我们在烟囱旁边架设了铁管，制成风洞，用自然风进行试验，效果不错。模型有很多种，今天我没有全讲。"

"太好了！你的工作很细致，理论也很严密。你回家后立刻整理一下，将全部资料和模型都带到莫斯科来，我要向皇家技术协会推荐。你能办到吗？"

"能！"齐奥尔科夫斯基太兴奋了。他紧紧握住教授的手，激动地说："有您的帮助，我的信心更足了，谢谢您！"

"不，应该感谢你和你的妻子，是你们的毅力为人类飞行开辟了道路！"

会议刚开完，齐奥尔科夫斯基就登上了归程。他心里想着，索科洛娃听到这消息该多高兴啊，苦日子该到头了吧？！

就在蹚过一条小河，翻上最后一道山梁时，齐奥尔科夫斯基忽然发现，县城内浓烟滚滚。他急忙向家中跑去。还没到门口，就见妻子领着孩子披头散发地跑过来，一看到他就痛哭不止。

"怎么了，别着急！"

"完了，全烧光了，连一件衣服都没有抢出来。"索科洛娃绝望地拉着他的手说。

"资料呢，模型还有论文稿呢？"齐奥尔科夫斯基紧紧抓住她的肩膀问。

索科洛娃失神地站着，不说话。

大火吞噬了齐奥尔科夫斯基的财产和成果，但没能吞噬他坚强的意志。一切从头开始！他更加发愤地学习、试验、思考。三年后，他终于完成了一篇系统的飞行理论论文。于是他将这篇论文以及模型和试验原始资料，寄给了莫斯科的斯托列夫教授。

但是，当时的俄国皇家技术协会由一帮不学无术的庸人把持着。尽管教授极力推荐、到处游说，但由于齐奥尔科夫斯基出身卑微，没有人愿意接受这篇论文。

"现在只有一个办法，"教授写信给齐奥尔科夫斯基说，"自费出版这篇重要的论文。我可以予以资助。请你接信后立即筹备150卢布。"

齐奥尔科夫斯基拿着这封信，不知如何是好。三年的苦战，家里的东西已当尽卖完，不要说150卢布，就是15卢布也拿不出来。可是，能眼看着自己的血汗付诸东流吗？借钱吧，富人不会借，穷人自顾不暇，叫人怎好开口？

"实在想不出办法了，"索科洛娃流着泪说，"那就卖孩子吧！"

"不！"齐奥尔科夫斯基也哭了。

······ ······

1892年，齐奥尔科夫斯基被调到卡卢加市女子中学教书。他在那里开始了火箭研究。经过长期的筹备，他终于攒够了钱，出版了《可操纵的金属飞行器》一书。同时，他又和印刷厂合资出版了《在月球上》《对地球和天空的幻想》两本书。

这些书引起了强烈的反响。

许多不相识的人寄来热情洋溢的信，有人还寄来钱和器材支持他的研究。卡卢加的报纸上刊登了他的事迹，赞扬他是"富于幻想的实干家""宇宙航行的开拓者"。

但是，保守的旧势力是不会轻易让步的，人们对齐奥尔科夫斯基的攻击和谩骂更厉害了。莫斯科的一家御用杂志上刊登了一幅漫画：一个衣衫褴褛的教书匠头顶地脚朝天，腋下夹着一个月球。漫画下面写着一行字：

"此乃无聊文人之异想天开，妄图迷惑我辈少年！"

学校的神甫和个别同事也开始挖苦和讽刺齐奥尔科夫斯基。

这一天，齐奥尔科夫斯基正在撰写论文，上中学的孩子回来了。

孩子把书包一扔，就大哭起来。

"爸爸，我不上学了，同学们一看见我就喊我月球人，对我挤眉弄眼，在我身上乱画。"孩子委屈地说。

"别跟他们一般见识，"齐奥尔科夫斯基安慰他说，"你要好好上学。"

"老师也挖苦我。今天，历史老师说，月亮上有黄金。他还让我告诉你，找到黄金可别忘了还他的债。"孩子继续说道。

这时，索科洛娃进来了，手里拿着一个大信封。

"伦敦的宇宙飞行中心来信了。"索科洛娃高兴地说，"他们正式邀请你去英国工作，薪金和待遇从优。"

"去吧，爸爸。"孩子也活跃起来说，"离开这些讨厌的人吧，现在就走！"

齐奥尔科夫斯基却一声不吭。他两眼看着信，心却在想：是的，科学没有国界，科学家属于全人类，在英国自己会获得更大的成就，但是，自己毕竟是俄罗斯人，这里是养育自己的故土，俄罗斯是自己的母亲……

　　"不去！我哪儿也不去！"他站起来，坚定地说。

　　1903年，齐奥尔科夫斯基的著名论文《利用喷气装置探测宇宙空间》在莫斯科的《科学评论》杂志上发表了。这篇论文首次建议，利用液体——液体氢和液体氧——作为火箭的推进剂，取代固体的黑火药，还提出了推力公式。

　　根据他推导的公式，要获得火箭最大速度，必须提高喷气速度和质量比。所谓质量比就是火箭起飞时的质量与推进剂燃烧完时的质量之比。以往许多人认为，只要增大起飞质量就能获得高速度，但这是错误的。

　　齐奥尔科夫斯基在论文中还提出，宇航员必须住在密闭的舱室中，舱室要进行空气调节；宇航中人体处于超重和失重状态，必须研究这对生理的影响。他还设计了轮胎形空间站，讨论了人造重力的问题，详细制定了多级火箭分级分离原则。

　　齐奥尔科夫斯基的辉煌成就为宇航事业的发展扫清了道路。

死刑犯的设计图

在俄国，还有一位火箭推进器发明家，名叫尼古拉·伊万诺维奇·基巴利契奇。他的成就虽没有齐奥尔科夫斯基那么伟大，但他的经历却颇为惊险。

这一天，基巴利契奇的屋子里聚集着许多"民意党"人，他们在召开秘密会议。

"明天，沙皇亚历山大二世要出巡，这是最好的行动机会。"有人说。

"炸弹呢？我们没有炸弹！"有人反对说。

"可以马上造一颗！"基巴利契奇自告奋勇地说。

"有把握吗？"大家都看着他问。

"你们安排好计划，明天一早到这里取炸弹！"基巴利契奇说着就到旁边小屋里去了。

但就在这天夜里，基巴利契奇被警察逮捕了。警察在他屋里搜出许多火药、弹壳和枪支，他被判处死刑。

在死囚牢房里，基巴利契奇开始潜心设计火箭飞行器。尽管生命只有几天了，但他并不沮丧。他发愤努力，以最高的效率工作着。他要把他多年来酝酿的东西表达出来，让后来人从中获得有用的启迪。

他设计的飞行器是平台形的，靠火箭推动，到空中后飞行器可凭借转向装置向任何方向飞行。

"基巴利契奇，出来！"狱卒大叫着。执行死刑的日子到了。

"我有一个请求。"基巴利契奇拿着厚厚的设计图说，"这是我设计的火箭装置，我相信它对人类是有价值的。请把这些图纸转交给你的上司。同时，我请求活到对这个设计有明确答复的日子。"

狱卒点点头，拿着图纸走了。

典狱官不懂技术，看不出画的是什么，便将图纸转给法院。后来法院又将图纸转到科学院。图纸在科学院秘书处压了几个月，才被转到一名从事空气动力学研究的教授那里。

"很新颖！很有见解！"这位教授高兴地跳了起来说，"快，把作者找来！"

很快，监狱管理部门的回信来了，上面只有一句话："尼古拉·基巴利契奇已被依法处决。"

教授看完信后长叹一声，他小心翼翼地将设计图纸保存起来，决心将设计图变成实物并进行试验，以告慰死者的在天之灵。

只飞行了 56.12 米

美国工程师戈达德成功将一枚液体燃料火箭送上了天空，但它只飞行了 56.12 米。

飞行距离虽然短了些，但火箭总算是飞起来了。这是一个里程碑。

戈达德 1882 年出生于美国马萨诸塞州的伍斯特市，1908 年毕业于伍斯特工业大学。

他从小就是个"火箭迷"，家里到处摆着各式各样的火箭。随着年龄和知识的增长，他认识到太空旅行是可以实现的，但必须做好各种各样的准备、踏踏实实地工作。

1920 年的一天，美国克拉克大学校园的贴报栏里有一张海报，上面写着：

"科学报告

题目：飞入太空的方法报告人：戈达德教授

时间：本周星期六下午"

多吸引人的题目啊！学生们互相转告，都想去听听这位小有名气的教授的演讲。

开讲那天，城里各报的记者和爱看热闹的人也闻讯赶来了，可是有一些人是不怀好意的。

"人们梦想着有一天，挣脱地球引力的束缚，飞入没有空气的遥远太空。"戈达德身穿整齐的西服，以洪亮的声音开始了演讲。

"火箭可以使用液氧和汽油做燃料，它们燃烧后产生的大量气体向后喷射，可使火箭达到很高的速度。如果用多级火箭，完全可以达到脱离地球的第一宇宙速度，即7.9千米每秒。"戈达德沉着地阐述着。

"根据我的计算，这样一种火箭完全是可以设计出来的，人类已经看到了登月旅行的希望。"戈达德兴奋地挥了挥手，学生们热烈地鼓起掌来。

"可以提个问题吗？"有一个记者喊了起来。"欢迎。"戈达德对他礼貌地点了点头说。

"说大话是很容易的。"记者站起来说，"戈达德博士似乎已经占领了月球，号召我们也到月球上去过天堂般的生活，美妙极了！可是在座的大概不知道，两星期前博士的两级火箭还未出发就炸成了碎片。记者还获悉，博士的火箭还没有离开地面的纪录，这和今天的演说岂不自相矛盾？”

“不许讽刺人！”“试验不会一次成功，可这原理是正确的。别胡扯！”学生们纷纷为教授辩护，记者们也大喊大叫，会场里十分混乱。戈达德收拾起讲稿离开，表情很是痛苦。

《纽约时报》第二天发布了一篇嘲笑戈达德的文章，标题是"月球上的人溜下了讲台"。

“不，我什么都不怕。”戈达德的脸上露出坚毅顽强的神色说，“但对大多数人来说，最好的辩论场所不是讲台，而是试验场。”

"先生，您为什么不和那些无赖记者辩论？您怕他们？"学生们问戈达德。

从此，他用全部业余时间，制造试验用液体燃料火箭。日子一天天过去了，转眼间已是 6 年。

1926 年 3 月 16 日，在人类航天史上是一个值得纪念的日子。

这一天，在马萨诸塞州奥本市郊的一个农场上矗立着一支形状古怪的火箭。火箭总高 3 米，长约 0.6 米的液体燃料发动机装在顶部，由一根铁管通过架子和下面的液体燃料储藏箱连接。

"看起来挺别扭，可这避免了爆炸的危险。"戈达德站在火箭旁边对学生们说。

"记者们呢？"戈达德在围观的人群中寻找着。

"他们没有兴趣了，他们认为这是永远办不到的。不要理他们！"一位学生说。

"很遗憾。我希望他们来。因为世界上很难说什么是办不到的。昨天的梦想，可以是今天的希望，而且可以成为明天的现实。"戈达德意味深长地说。

"点火！"

随着戈达德的一声命令，火箭发动了！火焰从喷管射出，并且越喷越大，最后火箭腾空而起。

"成功了！"

大家欢呼起来。

这支火箭很小，完全是试验性的。它的飞行距离为56.12米，在空中的飞行时间为2.5秒，火箭在空中只划了一个圆弧就落到了松软的土地上。但是，这次试验可和莱特兄弟的飞机首次试飞相媲美，因为它证明了火箭用液体燃料推进是很有希望的！

人造卫星和载人飞船

1957 年 10 月 4 日，在航天历史上是个令人难忘的日子。这一天，人类终于向宇宙空间迈出第一步，在茫茫星河中增加了一颗人造的星星——人造地球卫星。

现在，人造卫星和我们的生活已经密不可分了，它在科学研究、地质探查、资源调查、气象预报等众多领域都发挥着不可替代的作用。

人造卫星的发射成功标志着人类历史上一个新时代——空间时代的开始。从此，人类的活动领域不再局限于地球表面，人类有信心征服太空。

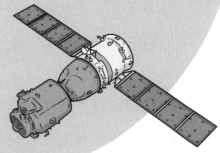

第一个人造"小月亮"

苏联的火箭专家谢·巴·柯罗廖夫因莫须有的罪名被逮捕入狱，后来因功勋卓著，又被释放出狱，并担任苏联火箭研究院总设计师。这个研究院有两个下属工厂：一个是苏、德两国人员共同组成的，主要任务是利用德国人的智慧和技术研制火箭，同时验证苏联的设计；另一个工厂则全部由苏联人组成，不许德国人参与，研制新型火箭。这两个工厂在技术上都由柯罗廖夫负责。

1957年夏天，加里宁市出现了多年未有的酷热天气，柏油路面被太阳光晒得起了一个个泡泡。柯罗廖夫在马路上快步走着，心里像燃起了烈火。

他的穿着很普通，白色的衬衣，灰色的裤子，还有沾满灰尘的皮凉鞋。他刚从工厂回来，由于昨晚苦熬了一整夜而面容憔悴，双眼布满血丝。

他怎能不焦急呢？美国政府已经宣布，要在当年开始的世界地球物理年期间发射人造卫星。苏共领导人要求一定要赶在美国的前面，在当年下半年发射卫星。这不仅是科学的较量，而且是政治的较量！

发射人造卫星，本来是柯罗廖夫在写给苏共中央的信中主动提出的。他认为苏联的火箭技术已经达到了发射卫星的水平，但他没有料到给他的限期这样紧且困难又这么多！

他刚到家，电话铃就响了。

"是我。什么事？"他拿起听筒说。

"我是中央书记处。"对方说，"赫鲁晓夫总书记非常关心卫星的事，他希望了解目前的进展情况。"

"很不顺利。"柯罗廖夫忧郁地说，"液体火箭试验已进行了两次，推力没有达到预定的要求。"

"下半年能发射吗？"

"我认为不应该赶时间。科学有自己的规律，欲速则不达。"柯罗廖夫说。

"不，这不是一般的科学试验。总书记指示，如果实在有困难，可以考虑减轻卫星的重量。"

"把一个没有科学仪器的金属圆球送上天，这有什么意义呢？"柯罗廖夫反问。

"意义很大，这里有复杂的国际问题。你必须意识到这一点！"

电话挂了。

怎么办？柯罗廖夫又一次感到了时间的宝贵！他似乎又回到囚笼中，焦躁地在房间里来回踱步。他的头脑里充满矛盾：是顶住压力踏踏实实地继续摸索、试验，还是把科学仪器从卫星中取出来让一个空球进入轨道？

他喝了一杯服务员送来的咖啡后来到图板前，盯着那张设计图，不安地搓着铅笔。

1957 年 10 月 3 日，柯罗廖夫来到位于苏联哈萨克境内的拜科努尔火箭发射场，进行最后的检查。

"我现在需要安静一会儿。"他对警卫人员说，"谁也不许进我的卧室。"

柯罗廖夫的神经紧张到了极点。经过几个月连续奋战，他终于迎来了发射的日子。还有什么隐患吗？还有哪些未考虑到的问题？虽然发射的每一个细节都已经反复论证过，但作为总设计师，他总觉得心里不踏实。他现在要做最后的思索。

他伏在案上竟进入了梦乡。

他仿佛看到，他设计的火箭从发射架上倒了下来，发出吓人的声响，冒着浓浓的黑烟。忽然，火箭又喷着火冲上太空，越来越快，人们欢呼起来。卫星在火箭头部发生爆炸，弹片四射，闪光刺眼，美国人在旁边大喊大叫，有人吹着讥讽的口哨……

他猛然醒来，出了一身冷汗。翌日，天空晴朗。

柯罗廖夫站在控制台前，亲自指挥这次历史性的发射。军方和党政要人都来了，他们望着那巨大的火箭，惊奇得说不出话来。

倒计数开始了！

随着火箭的升空，发射场响起一片"乌拉——乌拉——"的欢呼声。柯罗廖夫不动声色。他知道，点火发射只是第一步，下面还有许多难关要闯：第一级火箭脱落后，第二级火箭要拐弯，沿地球的弧线入轨；第三级火箭点火要能使其速度和方向都十分准确，略有偏差就会功亏一篑；还有，过载问题能顺利通过吗？卫星能弹射成功吗？各种装置都能可靠地工作吗？

时间一分一秒地过去了。

当接收机上响起卫星的电波讯号时，柯罗廖夫才如释重负，长叹了一口气。

这时，发射场的欢呼浪潮达到了高峰！

柯罗廖夫走下控制台，

人们准备了许多鲜花献给他。在鲜花的海洋中，他被激动的人群扔了起来。

苏联塔斯社发布了新闻公报。公报说：

"两小时以前，在苏联领土上发射了世界第一颗人造卫星。运载火箭赋予卫星的速度为 7.5 千米 / 每秒。卫星正沿椭圆形轨道绕地球运行。"

"在日出和日落时，人们可以用简单的望远镜看到这颗卫星。"

"卫星重 82 千克，卫星上安装有两台无线电发报机，以不同的频率发射电波信号。它每 96 分钟绕地球一周。"

诸位读者朋友，苏联的这颗卫星上除了发报机外并没有携带其他科学仪器，但这次发射的成功确实意义重大，它标志着航天时代的正式开始。

塔斯社的公报很快传遍了全世界，人们惊奇地倾听卫星上发来的"嘀——嘀——嘀"的无线电信号，所有的天文望远镜也都立刻对准这颗"新星"进行观察和测试。有人赞扬，有人猜测，有人评头论足。总之，这一事件立刻变成了举世谈论的热门话题。

反应最强烈的就是美国了。

这天，美国国防部长尼尔·麦克尔罗伊正好在冯·布劳恩的陆军火箭工厂视察。视察完毕后，他在客厅里举行了一个小型鸡尾酒会。

"我的印象很好。"国防部长对布劳恩说，"看来，你们的基础要比海军方面雄厚得多。"

布劳恩接着说："可你记得那次国防部的计划会吗？海军方面凭着一些很吸引人的设想，再加上某些要人的支持，竟然垄断了卫星的研制权。国防部不许我们搞大型火箭，把大量资金给了海军，可结果怎样呢？他们的先锋号在哪里？"

国防部长低头不语。

"如果按照我们的计划，"布劳恩有点愤慨地说，"1956年就可以将轨道飞行器——就是人造卫星——送入太空。可以直接用我们已有的朱庇特 -C 火箭做运载工具，用不着太大的投资。可海军呢，预算是 1100 万美元，已经花到 111000 万美元了，还看不到成功的希望。"

正说着，陆军导弹局的对外联络官气喘吁吁地冲了进来，不顾礼节地大喊起来：

"电台广播了，苏联成功发射了一颗卫星！"顿时，举座静然。大家都惊呆了！

联络官继续说："卫星的信号用的是普通频率，只要留意，大家马上就可以亲自听到。"

国防部长焦躁地摆了摆手，让他出去。布劳恩按捺不住自己的激动，站起来说：

"让我们来干吧！我可以在 60 天内发射一颗卫星！只要 60 天！"

难熬的"黑屋"考核

　　从第一颗卫星上天到第一位宇航员进入太空，经过了三年半的时间。人毕竟是血肉之躯，要适应宇宙空间环境，可不是一件容易的事。

　　我们先来看看宇航员的挑选过程吧！

　　1959 年初，美国国防部的大院里来了 500 多位年轻英俊的飞行员。他们兴高采烈地谈笑着。

　　"注意！"一位威严的校官坐在台上高声说，"我宣布四个条件，凡不同时具备这四条者，可以离开这里。第一条，年龄在 40 岁以下。第二条，学历为大学本科，获得过物理学或工程学位。第三条，有 1500 小时以上的飞行经验。第四条，身高不能超过 1.55 米。"

　　"干吗这么严格，挑女婿吗？"一个小伙子不满意地咕哝着。

　　"不，挑女婿不会要矮个子的！"另一个小伙子打趣道。

人群吵吵嚷嚷，像炸开了锅，许多人离开了。

军官清点人数后，发现只剩下了 110 人。军官把他们带到一个会议室里，宣布说："根据总统的命令，我们准备执行一项'水星计划'，也就是说，要用火箭把人送上太空。这项计划具有冒险性，你们可能会因此而失去宝贵的生命。我如实相告，希望你们认真考虑，如若不愿意，可以退出去。"

人群又一次躁动起来。

"这事太冒险，我在地球上还没有逛够呢！"

"能行吗？我似乎是在做梦。"

"上太空，太寂寞了。"

经过一番讨论和思想斗争，又有一些人推门出去了。最后，会议室里只剩下 50 多人。

"好，现在你们可以去体检了。"军官说，"不过，你们不要太高兴，体检关也是很难通过的。"

飞行员来到了美国空间试验中心。

"来，进这间黑屋子！"医生穿着白大褂，对一个飞行员说。这飞行员已戴好氧气面罩。

黑屋子里一点光亮也没有，一点声息也没有，寂静得可怕。飞行员坐在里面，一小时又一小时过去了……开始，他还坚持着，耐心地等待着，后来实在耐不住了。他

的神经变得紧张起来，用手摸来摸去，但什么也摸不着。他无可奈何地瘫软在地上。

忽然，四周传来一阵震耳欲聋的声响。这声响突兀且可怕，好像天崩地裂一般。接着，这黑屋子开始旋转起来，而且速度越来越快。飞行员像被一只无形的巨手压在墙壁上，丝毫也动弹不得。

随着轰隆隆的响声，黑屋子里的空气被抽走了；突然，氧气也断绝了。

"救命！"飞行员吓得魂飞魄散。

宇航员的选拔要经过许多"关口"，如体力、智力、灵活性、耐久性、心理因素等。选拔合格的队员还要经过长期的艰苦训练，例如：将冰水冲入耳朵，锻炼平衡神经系统；在沙漠里暴晒，以适应高温环境；24 小时不进餐，以增强抗饥饿的能力。另外，他们还要学习相关业务知识，包括天文学、地理学、气象学、火箭技术、摄像技术、电码和收发报技术等，几乎无所不学。1959 年美国经过严格筛选，最后录取了 7 位宇航员。这 7 位宇航员的照片立刻出现在各大报纸和广告节目中，引起了广泛关注。

上天探路

1961年5月5日，美国宇航员艾伦·谢泼德在睡梦中被人推醒了。他看看表，是凌晨1点钟。

洗澡、刮脸后，谢泼德和候补宇航员格林一起吃早饭。早饭是鸡蛋、牛肉、茶和橘子水，这些都是营养丰富而渣滓极少的食物。大家一边吃，一边谈笑。

"吃饱些，上天后只能吸'牙膏'了！"格林笑着说。

"不，我宁肯吃弹射巧克力豆！"谢泼德做了个鬼脸回答道。

穿太空服很费事，足足用了半个小时。医生在谢泼德的胸部、颈部等处贴上仪器，以便在地面上能随时测知他的呼吸、脉搏和体温情况。当手提控制衣服温度的小型冷气机、身穿银光闪闪的飞行服来到门口时，他很像科幻电影里来自某个星球的怪人。

发射塔的电梯将谢泼德缓缓送上火箭的尖顶。"拿着！"医生递给他一盒蜡笔。

谢泼德先是一愣，接着哈哈大笑起来。几个星期前，他和医生一起看过一部科幻电影，影片中的宇航员都拿着一盒蜡笔和一沓纸，以打发在太空中的寂寞时光。谢泼德接过蜡笔，但当他坐进座舱后又把它还给了医生。

"全世界都在注视着我，怎么会寂寞呢？"谢泼德微笑着对医生说。

早晨6点10分，太空舱的小门被关上了。

谢泼德听到关门声，不觉一阵紧张：现在只剩下我一个人了，我要独自一人飞出地球去。不过，这种紧张情绪很快就消失了。

他从潜望镜中看到许多工作人员在太空舱周围走动，地面上到处是忙碌的车辆和人群。

耳机里传来发射前的倒计数声。离发射还有2分40秒时，倒计数突然停止了。

"出了什么事？"谢泼德通过无线电发问。

"一台计算机出了毛病。"负责联络工作的工程师说。

谢泼德从耳机中还听到了工作人员讨论如何修理计算机的嘈杂声。

谢泼德有些耐不住了，他已在舱里坐了3个小时。他的血压和心跳频率开始升高。他尽力按捺住自己焦急的情绪，对自己说："地面控制中心（后文简称"控制中心"）工作人员的谨慎都是为了安全，是对你负责，你要冷静，不要急躁冲动！"

不久，倒计数再次开始了。

离发射还有 10 秒钟，谢泼德按动电钮，报告说："潜望镜已关闭，一切正常！"

"四、三、二、一、零，发射！"

谢泼德听到了发火的声音，他感到火箭轻轻震动了一下。火箭的上升很平稳、很缓慢，谢泼德甚至不敢相信，太空旅行就这样开始了。

"再见了，朋友；再见了，亲人！"他深情地说。

谢泼德的眼前浮现出妻子露易丝的面容。他们最后的相见是在谢泼德即将登上飞机的时候。她用力亲吻着他，不让他走；但他登上飞机时她却没有哭，只是用力挥着手。飞机呼啸着开始滑行，谢泼德看到，露易丝转过脸，双肩抽动着。

"等着我吧，露易丝。我一定会胜利归来！"谢泼德正正身子，开始观察面前的各种仪表。

1 分钟后，突然出现了险情。

这时，火箭已进入超速阶段。火箭剧烈震动起来，这种现象被称为"音障"，飞机飞行时也能遇到，但科学家没有预料到这次震动会如此强烈。周围的所有东西都在跳动，谢泼德双手抓不住任何东西。他两眼发花，五脏六腑都被搅动起来。谢泼德是受过严格训练的，但此时也受不住了。

"喂！"他对着话筒喊起来。

"发生了什么事，请回答！"控制中心询问。

谢泼德正要报告，脑中忽然闪过一个念头：如果报告实情，控制中心会怎么想？会不会取消飞行，命令他弹射出舱？如果那样，这次飞行就只有失败了。

"不，我可以解决这个困难，不必求助别人！"他一边在心里想着，一边用手去抓操纵杆。

"艾伦，发生了什么事？"控制中心催问。

"没有什么。有些震动，但可以对付。""如果忍受不住立刻报告。"控制中心命令。"明白。"

过了一会儿，震动过去了，太空舱一切完好，谢泼德松了一口气。他喃喃地说："好了，现在平稳多了。"

"注意，太空舱即将与火箭分离！"控制中心传来警告。

谢泼德听到一声响，只见仪表盘上出现绿色闪光，他立刻紧张起来。

窗外，焰火在闪光，火箭脱开了。现在，太空舱正以7200千米每小时的速度，在失重情况下围绕地球飞行。

这次飞行并不是真正的绕地球飞行，而只是一次试验。飞船进入太空后很快就掉头向下，然后太空舱与火箭分离，沿弧形进入了大气层。全部飞行时间才 15 分钟。

太空舱下降到一定高度时，谢泼德从舱内弹射出来。他看到一朵橘黄色和白色相间的大降落伞在头顶张开，不由得喊起来。

"OK，我回来了！"

当他降落到海面上时，一艘航空母舰正向他驶来，露易丝向他挥手致意。

美国总统肯尼迪在军舰上接见了他，并同他热烈拥抱。

两个月后，一个名叫维吉尔·格里森的宇航员再次上天探路。

格里森，35 岁，小个子，看上去温文尔雅，说起话来也轻声细语，像个大姑娘。在发射的前几天，他曾多次徘徊在红石火箭附近不肯离去。基地指挥官曾开玩笑对他说："放心吧，格里森，你不坐上去，我们是不会发射的。"

红石火箭离开地面时，依然是那样平稳、那样壮观。141 秒后，载着格里森的"自由钟7"号太空舱与火箭分离，进入太空。这太空舱和谢泼德乘坐的太空舱有些不同，小窗户全换成了大的透明窗。格里森从窗内望出去，海阔天空，一览无余，景色壮丽极了！

一切顺利。

太空舱缓缓落到海面上。"兰多夫"号航空母舰上，四架直升机腾空而起，向溅落地点飞去。

"太空舱发生了爆炸！"一架直升机上的指挥官忽然大喊起来。这一消息使航空母舰上的救援人员立刻紧张起来。

"太空舱正在下沉！"直升机继续报告。

"放吊钩！立刻钩住太空舱，要快！"航空母舰发出紧急命令。

直升机放下打捞钩，贴近海面进行打捞作业，但一无所获。显然，太空舱已沉没了。

"格里森！"

人们发现水面上有一个小黑点。直升机迅速降低高度，伸出吊绳，螺旋桨在水面上掀起了滔滔水浪，黑点转瞬又消失了。

太空舱发生了爆炸，但格里森并没有死，他在舱门被炸开以后甩掉钢盔，跳进了大海。在直升机掀起的海浪里他终于抓住了直升机放下的打捞钩，被救了上来。这次飞行有些狼狈，但肯尼迪总统仍然打来电话慰勉，许多好心人也来信慰问，自不必多说。

阿波罗登月

航天史上辉煌的一笔是人类登上月球并在上面进行了科学实验、考察。当我们为这一史无前例的壮举感到自豪时，可否想起有三位宇航员为此献出了宝贵的生命？

在科学的征途上是没有平坦大路可走的，如果我们仅仅向凯旋的英雄们致敬，那是不公平的。那些默默无闻的实干家，那些在难题面前不屈不挠的攻关者，那些未被记入史册的流血流汗的人，同样是伟大的、可尊敬的。

出师未捷身先死

在美国，一个更大胆、更惊人的航天计划正在酝酿之中。这就是"阿波罗登月计划"。

1962年9月，美国总统来到了马歇尔太空飞行中心。这里，科学家们正在进行辩论。

"将宇航员送上月球有三种方式，"冯·布劳恩在讲台上阐述，"第一种是直接方式，也就是让飞船载着宇航员直接在月球上软着陆，然后飞船再直接飞回地球。这个方式简单，但火箭需要携带大量燃料，体积要特别大，起飞推力要很大，至少1200万磅（1磅＝0.4536千克），为此至少要用8台F-1发动机。"

大家静静地听着。

"第二种方式称为'地球轨道会合方式'，就是先用火箭将飞船射入地球轨道，然后再以地球轨道为基地发射火箭，将飞船射向月球。这样能量可以节省些，但飞船要进行太空对接。"布劳恩继续说着，"第三种方式是国家航天航空局兰利研究中心的约翰·霍博尔特提出的，称为'月球轨道会合方式'。这种方式与第二种方式大致相同，但会合点是在绕月飞行的轨道上。换句话说，先让飞船围绕月球旋转，再从飞船上放出一个共有两级的登月舱，降落在月面上。宇航员从登月舱出来进行考察。任务完成后，第一级登月舱可做发射架使用，宇航员乘坐第二级登月舱返回绕月轨道与飞船会合，再返回地球。"

布劳恩最后说："休斯敦的专家们都来了，他们着重研究了第一种方式，亨茨维尔中心则倾向于第二种方式。另外，还可能有其他方式。希望大家认真分析、讨论。"

会议开得非常热烈，争论也很激烈。

在会议过程中，肯尼迪总统悄悄对白宫科学顾问威斯纳博士说：

"您认为哪种方式好？"

威斯纳立刻回答说："直接方式好。"

肯尼迪立刻建议，请威斯纳公开讲明理由。谁知威斯纳的话还未说完，就遭到强烈反对。

"从一般原理看，复杂系统的故障率要比简单系统高得多。间接方式要进行多次空间对接，这是很复杂的极易出事故的过程。"威斯纳说。

"不，我们的双子星座计划获得了极大成功。我们共试验了7种空间会合方式，进行了9次飞船与目标的对接，没有一次失败。"一位科学家立刻对威斯纳予以反驳。

"何必自讨苦吃呢？如果直接方式能一举成功岂不更好吗？"威斯纳不服气地说。

"制造能直接到达月球的巨型火箭，谁也没有把握。而且间接方式还有一个很大的优点，就是如果发生事故和意外情况，宇航员可以从低轨道返回地球。这样，经过一个'休歇站'可检查系统的可靠性，进可以攻，退可以守。"那位科学家滔滔不绝地说。显然，他是间接登月方式的坚决拥护者。

会议休息时，记者包围了肯尼迪总统，提出了各种各样的问题。

"不少议员提出质问，国家为实现阿波罗计划准备耗费几百亿美元，值得吗？这项计划会给美国人带来什么好处？请您回答。"一位记者说道。

接着，这位记者就把录音话筒向总统伸去。

"简单地说，"肯尼迪从容不迫地说道，"这是一项人类几千年来梦寐以求的科学探险活动，将为我们开辟一个崭新的世界。对于科研目的，我想引用一位科学家的话来回答：谁能知道一个初生的婴儿有什么用呢？"

记者不满意这个回答，追问道：

"专栏作家普鲁克斯认为，如果发展卫星和近地航天技术，会给国家的安全和发展带来更大利益。阿波罗计划既舍近求远，又耗费甚巨，实属愚蠢至极。"

"这是鼠目寸光！"肯尼迪说。

然而，就在肯尼迪雄心勃勃推行阿波罗计划时，火箭场发生了一起大事故，使登月计划推迟了一年多。

这起事故发生在1967年1月27日。那是一次阿波罗飞行的地面"彩排"。

这天，冯·布劳恩等设计的"土星"号运载火箭矗立在试验场上，这枚火箭将用于登月飞船的运载，它高达60多米。3位宇航员已进入顶端的舱室。工作人员忙碌着，开始检查仪表，并向舱室灌注氧气。这段时间里宇航员无事可干，他们在闲谈。

"为什么把飞船登月称为'阿波罗计划'？"一位年轻的宇航员问。

"我只知道阿波罗是太阳神。"另一位宇航员说，"要是你知道的话，可以给我讲个详细的故事，关于阿波罗的。"

"好吧！"一位宇航员说，"众神之父宙斯的一位叫勒托的情妇，受到天后赫拉的迫害，走投无路。她来到爱琴海的一个荒岛上，忍受了九天九夜的痛苦，生下了一对双胞胎。这对双胞胎是一男一女，男的叫阿波罗，就是后来的太阳神；女的叫阿尔特米斯，就是月亮神……"

"注意，氧气灌注完毕，不要说无关的话！"控制中心发来命令。

3位宇航员开始了紧张的工作。他们仔细地检查仪器，熟练地进行操纵和调整，像要真正发射一样。

忽然，一位宇航员大喊起来："舱内着火了！"3秒钟后，舱内大火猛烈地燃烧起来。

控制中心听到宇航员紧张的呼叫："身上着火了！"

"快救救我们！"

呼喊声中夹杂着痛苦的呻吟。

"快开舱门！"一位宇航员高喊着扑向舱门，但舱门无法打开。

控制中心勤务人员以闪电般的速度奔向发射台，冲进浓烟烈火中打开了舱门。整个过程不到3分钟，但已晚了！在被烧得七零八落、面目皆非的舱室内，人们找到了三具烧焦的尸体。空气中弥漫着难闻的气味。

"是舱室的氧气促使了燃烧的发生。"一位工程师检查现场后说，"可是，氧气是怎么闯祸的呢？"

基地总指挥说："停止预定的试验，要全力以赴，查清事故原因。"

经过调查，这次事故是由于设计上的疏忽引起的，在一个不引人注意的线路上出现了一个电火花，从而引起了可燃性物质在氧气中的燃烧。

3位宇航员的惨死在美国引起了巨大的轰动。美国政府宣布暂停阿波罗计划的试验，转向基础研究。

向月球进发

　　到了 1968 年 10 月，从肯尼迪角传来了好消息：重新设计的土星火箭和阿波罗飞船被试验证明非常安全。宇航员沃利·希拉乘坐"阿波罗 7"号飞船进行了一次长时间的空间飞行，科学家认为取得了"101% 的成功"。于是，太阳神"阿波罗"又振翅欲飞了。

　　这是 1969 年 7 月 16 日。

　　佛罗里达州的卡纳维拉尔角这天又披上了节日的盛装。清晨 4 点，冯·布劳恩就来到了这个举世闻名的航天中心。

　　"怎么样？"布劳恩在控制室里碰到了发射总指挥库特·德布斯。

　　"一切正常。"德布斯回答道，"我相信，太阳神'阿波罗'这次准能见到他的妹妹——月亮神'阿尔特米斯'。"

德布斯年轻，充满朝气，说话中流露出美国青年人的幽默和自豪。

"要小心！"布劳恩毕竟历尽沧桑，他忧心忡忡地警告说，"天后赫拉会善罢甘休吗？小伙子！"可是当他说完这句话时又笑了，拍拍德布斯的肩膀说："愿上帝保佑我们！"

透过玻璃窗，布劳恩看到巨大的发射架簇拥着同样巨大的火箭矗立在发射场上。这是世界上最高的建筑物之一。装满燃料的火箭重约4000吨、高达100多米，而装配塔高达160多米，点火以后将产生数千吨的强大推力，让火箭将50吨重的"阿波罗11"号宇宙飞船送上月球。

此时，人们正在加注燃料，紧张而有秩序地忙碌着。

控制大厅里，50多人坐在各自的位子上观察和操纵着仪表。大家都在专注地工作，但看上去情绪都很激动。

经过几年的奋斗，人类终于要离开地球到月球去探险了。

"人员撤离！"

"倒计数开始！"

德布斯有条不紊地发布着命令。

在距离发射架大约 4 英里的地方，来自美国和世界其他各地的重要人物登上了特制的看台。前总统约翰逊已入座，他喝着咖啡悠然自得。236 名国会议员和 50 多名州长、市长在交头接耳，大声议论着。看台上还有数百名外国科学工作者和 3000 多名记者，挤得水泄不通。

发射阿波罗飞船的消息早已传遍全世界。估计有上亿人此刻正坐在电视机屏幕或收音机前，等待着这个伟大时刻的到来。

"简直是愚蠢！干吗要到月亮上去！"有一个老太太看到商店橱窗前的电视预告，不满地咕哝着。

"这是探险！像哥伦布发现新大陆一样。你能说哥伦布愚蠢吗？"一个小伙子顶撞她说。

"是的，哥伦布也很蠢！"老太太提着空篮子，气呼呼地说，"都像发疯了，谁也不专心干活！"

航天中心工作人员的神经紧张到了极点。

广播里响起了最后的几个数字：五、四、三、二、一、零！火箭点火了！

强大的土星火箭第一级的 5 台发动机一起怒吼，喷射着烈火和浓烟。巨大的力量震撼着发射台。这一推动的功率约为 1.8 亿马力，相当于北美洲全部河流发电总量的 2 倍。这一级的燃烧时间只有 2 分 40 秒，但消耗的液氧和煤油却高达 56 万加仑（1 加仑＝ 4.546 升）。

　　气势雄伟的火箭在猛烈推动下徐徐上升。

　　控制中心离发射台约 4 英里，因此，发射开始时不能立刻听到轰鸣声。过了一会儿，人们才从窗玻璃的剧烈震动中感受到了火箭的气势。布劳恩脸色苍白，这样的大型火箭系统他还是首次研制，它的 900 万个零件和数不清的环节虽然经过反复考核试验，但只要有一点疏忽，就可能酿成巨祸。

　　轰鸣声很快消失了。人们看到，火箭隐没于云层之中。

　　"一切正常！"在用玻璃围起来的小房子里，布劳恩从电话中听到了总指挥德布斯的报告，暂时松了一口气。

　　"一切正常！"这声音从广播喇叭中响起。看台上和电视机、收音机前的观众立刻沸腾了。

　　街道上，人们把帽子扔上天空。

　　1969 年 7 月 16 日 9 点 32 分，这支由 15 万名工程师和科学家设计研制的、由 8000 家公司制造的零件组装起来的巨型火箭，终于成功地通过发射程序，踏上向月球进发的征程！

飞行舱中，坐着 3 名勇敢的宇航员。他们分别是指令长尼尔·阿姆斯特朗、指令舱驾驶员迈克尔·柯林斯和登月舱驾驶员埃德温·奥尔德林。作为人类第一批访问月球的使者，他们的欢愉兴奋之情是难以言喻的。

"火箭进入地球驻留轨道！"指令长阿姆斯特朗向控制中心报告说，"第一级和第二级火箭已经抛脱！"

宇航员们忙碌起来。他们已处于失重状态，在舱内飘浮着，有时倒立，有时侧立，但他们都在一丝不苟地检查着仪器设备。

按照预先的规定，飞船要先在地球周围运行一周半，以便对所有系统再进行一次全面检查。

控制中心里，电子计算机和许多复杂的设备都处于工作状态，灯光闪烁，打印数据，绘制曲线，人们忙着分析、判断。

"休斯敦控制中心！我是德布斯！"总指挥开始呼叫，"你们那里情况如何？"

"一切都很正常！飞船正飞越太平洋上空！我们认为，可以按预定程序行动！"休斯敦控制中心回答。

"这里是卡纳维拉尔控制中心！阿姆斯特朗注意！准备开启第三级火箭！"德布斯发出命令。

第三级也就是最后一级火箭。点火后，飞船在火箭的推动下，离开绕地飞行轨道，向月球奔去。接着，中午12点40分（美国当地时间），宇航员们接到了让飞船脱离运载火箭的指令。

"我们要进行无动力飞行了！"阿姆斯特朗笑着对同伴们说，"我想，我们将挣脱地球引力的束缚。我们自由了！"

"也许你想说，我们成了天神！"说着，奥尔德林也笑了起来。

他们齐心协力，很快从运载火箭上摘下了包括指令舱、服务舱和登月舱在内的宇宙飞船。"土星"号运载火箭已经完成了使命，被甩向漠漠空间。宇宙飞船将以它具有的巨大速度，依靠惯性向月球飞行。这段航程大约需要3天的时间。

"注意！飞船偏离了预定航线！"忽然，从控制中心传来紧急呼叫。宇航员们立刻瞪大眼睛，观测面前的仪表。舱内欢乐的气氛立刻消失了。

一只脚踏到月面上

　　阿波罗飞船从1969年7月16日下午2时15分到19日下午1时26分的3天时间里都在奔月途中。虽然出现过几次偏离航线的紧急情况，但宇航员都是训练有素的人，他们及时采取措施，用喷射装置进行轨道校正，终于化险为夷，于20日进入绕月轨道。13时42分，阿姆斯特朗与奥尔德林进入登月舱"鹰"，柯林斯留守指令舱"哥伦比亚"。飞船绕至月球背面，舱体分离系统启动，"鹰"载着两名宇航员飞向月面。"鹰"飞进了一个巨石环抱的环状山口，无法借助仪器继续寻找合适的着陆点，宇航员最终凭借良好的技术和谨慎的操作在这附近完成了着陆。

　　宇航员到达月球后即开始就餐。饭是很简单的，仍然是"管子食品"，即用喷水枪把水打入管子里，待管子中的食品和水混合均匀后再挤入口中。本来按照计划，就餐后应该睡一觉以解除疲乏，但两位宇航员急于看看月球到底是个什么样子，哪里还能睡得着呢？他们要求提前行动，休斯敦控制中心答应了他们的要求。

登月6小时后，"鹰"的门被打开了。

阿姆斯特朗站在舷梯的最高一层上，自动摄影机开始工作。

电视屏幕上，一个衣着臃肿的人笨手笨脚地从阶梯上侧身走下。

"我走出登月舱了！"

阿姆斯特朗话音未落，人们从屏幕上看到，他的左脚抬起，第一次踏上了月球的土地。历史上没有一个人像他那样，迈出的一步受到几亿人的关注。阿姆斯特朗后来谈到这一步时说：

"对于个人来说，这只是一小步；但对于人类来说，这是一大飞跃。"

随着这一步的迈出，一些科学家的担忧也解除了。他们原本认为，月面上铺着厚厚的火山灰，人将陷入其中。可是，事实证明，火山灰很薄，人在月球上行走是安全的，只不过留下了很清晰的脚印而已。

阿姆斯特朗走下舷梯18分钟后，"鹰"的驾驶员奥尔德林也走下来了。他的第一句话是："太好了！太好了！"

两位宇航员开始时很不习惯，像喝醉酒一样，很难保持平衡，这是因为月球的引力只有地球的1/6。但是，他们很快就适应了。他们像电影慢镜头一样飘浮着行走。

在月球上，他们首先竖立了一个富有纪念意义的金属牌，上面写着：

"公元1969年7月，来自行星地球上的人类，首次登上月球。我们为全人类的和平而来。"

在月球的每一分每一秒都是很宝贵的。他们要仔细检查"鹰"是否损坏；他们要收集月球岩石标本带回地球研究；他们还要在月球上安装"地震仪"和"激光反射器"，有了这些仪器，科学家可以在飞船返回地球后不断获得月球的资料；他们还要尽可能多地拍摄照片……

两位宇航员在月球上活动了两个半小时后，便把装满岩石的袋子拖回"鹰"里。当他们爬进"鹰"里时已疲惫不堪了。他们关好舱门，开始吃饭和睡觉。舱内挤极了，阿姆斯特朗坐在发动机盖子上，奥尔德林则躺在地板上。

两个地球使者在异乡的土地上睡着了。而在月球轨道上，母舱"哥伦比亚"仍在飞行着。此时，柯林斯——"哥伦比亚"的驾驶员——可以算是世界上最孤独的人了吧！

7月21日，星期一。

下午1时55分，控制中心把宇航员们唤醒了。

"鹰！鹰！这里是休斯敦！准备起飞！"

阿姆斯特朗回答说："明白了！"

从月球上起飞是最令人焦急的时刻之一。"鹰"的动力只有一台功率很小的发动机，没有备件。如果发动机出了毛病，哪怕是一个螺丝松动、一个销子有缺陷，都可能导致起飞失败。遇到这种情况，那他们可真是"叫天天不应，叫地地不灵"了，但幸运的是，没有发生任何意外。

阿姆斯特朗开始倒计数：

"五，四，三，二，一，零！起飞！"

发动机点火了。上升级的火箭寿命只有7分钟，"鹰"必须在7分钟内升到月球轨道。一切顺利，"鹰"越升越高。

"'鹰'已平安进入轨道！"阿姆斯特朗报告说。"全世界为你们骄傲！"控制中心回答。

不久，"鹰"追上了在轨道上等待的"哥伦比亚"母舱，并成功地与它对接。

柯林斯以"地球人"的资格迎接这两位"地球特使"。阿姆斯特朗迫不及待地爬回母舱，说："找个地方坐一下真舒服啊！"

"我最高兴的是又有了伙伴！"柯林斯和他们一一握手。

为了减轻重量，他们把"鹰"甩到了月球轨道上，然后再次点火启动，返回地球。现在，他们可以放心地休息一会儿了。从月球到地球，有60小时的旅程哩！

在归途中，他们除了工作、休息、吃饭、聊天，还同控制中心保持着联系。他们特别向制造飞船的人们致谢，正是他们一丝不苟的劳动保证了飞行的成功。

飞行60多小时后，"阿波罗11"号接近地球，服务舱又被甩掉了。3位宇航员都在指令舱中。当初发射飞船时，连火箭在内有3000多吨，现在返回时却只有5吨多的指令舱了。

像一切再进入地球的飞船一样，由于与空气的摩擦，指令舱变成了一团火球向太平洋下降。这时，无线电联系中断，指令舱从电视屏幕上消失。

太平洋上，美国特大号航空母舰"大黄蜂"号在海面巡弋，9000人分乘9条船和50多架飞机，准备海上打捞和救生。为了营救宇航员，他们进行了周密的准备工作。此时，大家正耐心等待着指令舱的溅落。

随着太阳升空，"阿波罗11"号飞船指令舱"驾"着一团火来了！

指令舱前端打开，三个巨大的降落伞立刻张开，鼓满了风，指令舱被拽住了。7月24日中午12时50分30秒，"阿波罗11"号经过195小时的飞行，跋涉近100万千米的距离后又回到了地球上。它比预定的溅落时间晚了10秒钟。

可是，宇航员们没有受到政府要人或亲人们的热烈拥抱，他们实际上立刻被"囚禁"起来了。

"大黄蜂"号航空母舰赶往溅落地点后，从舰上起飞的直升机将潜水员投入海中。潜水员在水里将指令舱的降落伞扯下，又拴上了上浮使用的绳索，将"阿波罗11"号的指令舱拉了上来。这时，一名潜水员打开舱门，小心翼翼地递给3位宇航员每人一套衣服，然后立刻转身，像躲避伤寒病人一样离开了宇航员。宇航员被送到航空母舰上后，立刻被关进一个密封的"囚车"里。

原来，科学家们对月球表面是否有危险的致病物质并不了解。如果宇航员从月球上带回了某些病菌并因此而生病，这些病很可能是地球上的任何药物都无法医治的；而如果这些疾病有传染性，那问题就更加严重了。因此，以防万一，在宇航员们返回地球后，必须对他们进行严格消毒和隔离。潜水员刚才递给他们的是特制的防菌衣，那"囚车"实际上是防菌隔离车。

"总统来了！"

宇航员们上岸后又被"监禁"了半个月，才被允许回家和亲人团聚。这时，科学家们确认，他们并没有从月球上带回可怕的病菌。

"阿波罗 11"号的登月成功轰动了全世界，亿万人都在连续收听、收看这一新闻。街头上，家庭里，许多人看得目瞪口呆。在波兰，为了纪念阿波罗飞船的宇航员，竖立起一座雄伟的塑像。在捷克斯洛伐克，专门为此事发行了纪念邮票。华沙电台宣布："愿他们幸福归来！他们的失败将是全人类的失败。"巴黎报纸写道：

"这次冒险是从地球出现人类以来最激动人心的事业。"梵蒂冈的教皇保罗六世也收看了电视。他举手祈祷说："荣耀归于至高无上的上帝，愿全世界善良的人们安享和平。"美国总统尼克松则说："这是自上帝创世以来世界历史上最伟大的一星期。"他宣布每年的 7 月 16 日——"阿波罗 11"号起飞的日子——为"全国参加月球探险日"。

阿波罗的成功对于人类飞向宇宙的伟大事业来说，只能算是一个起点，月球毕竟是离我们最近的星球，宇宙还大得很呢！

伴随着热烈的掌声，尼克松总统来到了甲板上。他隔着玻璃窗对宇航员发表了简短的欢迎词。

奇特而危险的历程

宇航员是极其优秀的人才，他们完全可以找到既无危险而又待遇丰厚的工作。如果仅仅向"钱"看，他们是不会来应征的。然而，他们却义无反顾地来了。这是为什么呢？有一位宇航员对记者说："当你远离了地球，置身于漆黑的太空中时，四周一片寂静，月亮就在你的身边。这种感觉，世界上有几个人能亲身体会到？"

宇宙航行是一种神奇的旅行，到处是充满神秘的"谜"的世界，令人激动不已，令人目不暇接，令人感到惊讶甚至恐怖，从而更增加了宇宙特殊的魅力。

献身宇宙航行事业的人是无畏的探险家，他们认定了目标就勇敢地走下去。

一次意外的爆炸

　　1969 年 11 月 14 日，美国又发射了"阿波罗 12"号飞船。宇航员康拉德和比恩两人在月球上共待了 31 小时又 30 分钟，进行了更多的科学实验，还收集了大约 100 磅岩石和土壤。

　　"阿波罗 12"号的登月舱"勇猛号"在预先选定的着陆点准确着陆。宇航员在着陆点附近找到了两年多以前美国发射的无人探测飞行器，并把它的一些零件带回了地球，这对研究月球环境对金属的作用及将来开发月球都具有很大的价值，对飞船的设计来说也很重要。

　　美国人的狂热情绪随着这次发射的成功达到了高潮。但遗憾的是，这次飞行中，飞船上的摄影机镜头偶然对准了太阳，透镜系统被炽热的太阳光烧坏了，地球上的观众不管怎么调节，都无法在电视上看到清晰的图像。

　　1970 年 4 月 11 日，宇航员詹姆斯·洛弗尔、弗雷德·海斯和约翰·斯威格特登上了"阿波罗13"号宇宙飞船。飞船穿过佛罗里达半岛上空七零八落的云朵，进入阳光灿烂的天空，向月球飞去，一切良好。人们对阿波罗的飞行已经习惯了。这次飞行没有引起任何轰动，电视机前的观众也略显寥落。

不过，发射后46小时问题发生了。这问题发生在燃料箱上，但报警灯偏偏又失灵了，于是，这场潜在的事故没有及时被宇航员和控制中心掌握。

发射后55小时54分，飞船上一声巨响，宇航员弗雷德·海斯面前的报警灯可怕地亮了起来。

"出事了！"海斯不由自主地喊了起来。

当出事的信号和宇航员的呼喊传到休斯敦控制中心时，控制室里几乎是半空的，只有少数几名值班人员，有几名新闻记者懒洋洋地躺在沙发上打瞌睡。

"这里是休斯敦。出了什么事，请重复一遍。"控制室的值班人员大吃一惊，急切地询问道。

"整个服务舱爆炸了，我们判断，是液氧箱爆炸引起的，而液氧箱为什么爆炸，原因尚不清楚。"指令长洛弗尔镇静地报告说。

"爆炸造成的破坏严重吗？"

"相当严重。我刚才从舷窗看到一些服务舱爆炸产生的碎片，还有某种气体冒出来……"

"你们的情况……"控制中心担心地问。

"爆炸对飞船产生了一个附加的推力，使飞船处于翻滚状态。目前，斯威格特正全力以赴地进行控制和调整，我们相信能够控制住飞船。"指令长洛弗尔继续说。美国航天局内陷入一片混乱。

"立即召回所有专家！"航天局局长发布命令，"召开紧急会议！"电话铃声，各地询问电话的叫喊声，还有蜂拥而来的新闻记者的跑动声和摄像机拍摄的声响，连成一片。

科学家们以最快的速度赶到了休斯敦。

"形势非常危急。"航天局负责人在紧急会议上说，"服务舱的氧气瓶爆炸了，这从仪表上的氧气压力迅速降低可以得到证实。宇航员们自己采取了应急措施，开动了子系统。因为氧气是生命保障和发电设备所必需的，所以尽管现在宇航员都还活着，但情况是危急的。"

"继续飞向月球的前景如何？"一位政府官员发问。

"那是绝对不可能了。现在指令舱仅存的氧气、饮水和燃料，只够使用几小时。必须当机立断，迅速返回。"

一位科学家说，"我们要立即发布掉头的命令。如果继续飞向月球，飞船一旦进入月球的引力范围，就可能永远围绕月球旋转而无法返回，那将是千古遗恨。"

"为什么？"那官员不服气地说："不是仅仅爆炸了一个氧气瓶吗，其他系统都正常工作，我们何必太紧张？"

"您对此有所不知。"这位科学家稍微缓和了一下语气说，"服务舱不能向指令舱提供新鲜氧气，仅仅是一方面。另一方面，发电系统的损坏将使返回火箭无法点火。也就是说，飞船如果落到了月球上，那就永远别想回来了，因为返回火箭是没有备用系统的。"

在他们争论时，其他科学家在桌上铺开飞船的图纸，仔细琢磨救难方案。这些人看上去温文尔雅，但他们态度非常坚定：一定要尽最大努力挽救宇航员的生命，让他们安全返回地球。而要做到这一点，目前所采取的行动必须审慎而迅速，既不能马虎从事，又不能拖拖拉拉。紧张的思索和责任的重压使他们脑门上沁出了汗珠。

办法终于想出来了：既然登月已经绝无可能，为什么不利用一下登月舱的燃料、氧气和食物使宇航员生还呢？让宇航员们立即进入登月舱"宝瓶座"并继续向环月轨道飞行，以完成一些必要的程序（不完成这些程序，溅落时降落伞将无法打开），然后选择一条恰当的再入轨道返回地球。这办法得到航天局决策人的赞同。

"这里是休斯敦！"无线电波把急如星火的指令向远在33万千米以外的飞船传去：

"立即从指令舱通过密封舱进入'宝瓶座'！"

宇航员们很快理解了控制中心的意图，他们冷静地执行着命令。"宝瓶座"登月舱太小，只能坐两个人，一位宇航员只好委曲求全地躺在通道中间。要实现控制中心的意图——安全返回地球，需要宇航员动员全部智慧和勇气，进行一次拼搏！因为这种局面事先谁也没有料到，没有工作程序，没有足够的器材，他们的困难可想而知，但他们没有气馁。他们利用飞船上仅有的一点工具和设备，甚至连食品软管和塑料袋都用上了，终于实现了人员的过渡和善后工作的布置。

"开启登月舱的发动机！"控制中心又传来命令。这时登月舱发动机的作用不是登月了。由于指令舱仅有的一点动力要留作着陆使用，必须用登月舱的发动机来改变飞船的航向。

在无际的宇宙空间，这艘遇难的飞船艰难地飞行着。

飞船内的水、氧气和热量的供应越来越少了。由于没有足够的动力加热"宝瓶座"，宇航员们感到非常之冷。由于过度寒冷，他们处于奄奄一息的状态。但他们的头脑是清醒的：一定要坚持住！到地球还有 3 天的航程，只要熬过这 3 天，就是胜利！"宝瓶座"的储备可以满足他们最低限度的需要，关键是要挺得住！

在昏昏沉沉中，宇航员们忽然感到一种向前的拉力。是地球引力！大家顿时精神一振！是的，飞船正在逐渐靠近地球。接着控制中心传来"扔掉服务舱"的指令。服务舱虽已损坏，但作为指令舱的屏障，它仍起着保护作用，然而在降落之前它就显得多余了。17 日 7 点 15 分，服务舱被抛掉了。透过飞船的舷窗，宇航员们惊讶地看到，服务舱的破坏比估计的要厉害，它的一边几乎全被炸开了。

"你们立即返回指令舱！准备溅落！"控制中心传来果断的命令。

又过了 3 个小时。

"抛掉'宝瓶座'！"

执行这个命令，对于三位宇航员来说是不忍心的。"宝瓶座"登月舱在这次远征中拯救了他们的生命，但为了安全轻装溅落，他们还是执行了命令。

"再见吧，'宝瓶座'，谢谢您！"宇航员洛弗尔深情地喊了起来。

"宝瓶座"向遥远的天际飘去。

1 小时 24 分钟后，指令舱溅落在太平洋温暖的水域

里。打捞船迅速向该海域驶去。当人们打开已被烧得发黑的舱门，看到三位宇航员都安然无恙时，激动得热泪盈眶。

这次登月计划虽然失败了，但却是一次"成功的失败"。它说明人在太空中不是无能为力的，依靠勇气和智慧可以在危险境遇中自我解救，绝处逢生。在电视机前痛苦等待和默默祈祷的成千上万的美国人，彼此拥抱和热烈欢呼起来，阿波罗的轰动程度甚至超过了以前几次的阿波罗飞行。

"是这两个不合格的加热器开关闯的祸。"美国宇航局（美国国家航空航天局，NASA）负责人经过详细调查后对一家工厂的经理说，"它的耐压不够，从而产生电弧。而因为它未能及时关闭，造成电线升到1000℃的高温，引起了液氧箱的爆炸。"

"不，这是诬陷！"那经理拿起纽扣大小的两个开关仔细地看了看说，"我们是完全按照合同的技术要求制造的。请看，耐压这一栏明明写着：耐压28伏。"

"不，应该是65伏！"美国宇航局负责人高喊起来。

这是怎么回事呢？原来是两个纽扣大小的恒温器开关不合格。1962年设计开关时规定耐压28伏，1965年修改为65伏，可是制造开关的那家企业图省事，未加改变，所以酿成大祸。可见，在宇航事业上，一丝一毫也马虎不得。

顽强的蜘蛛

1971 年 4 月 19 日，在苏联拜克努尔发射场上，巨大的"质子"号运载火箭巍然矗立，闪着银光。一切准备就绪。观察所内，塔斯社记者正对苏联航天局负责人进行现场采访。

"这次发射是划时代的。"负责人指着火箭的顶端说，"那上面是'礼炮 1'号空间站，是人类第一座人造天宫。航天人员可以在里面长期居住，从事研究、实验和天文观察。这'天宫'呈圆柱形，直径为 4 米多，长 12.5 米，重 18.5 吨，从重量来看是空前的。"

"为什么要发射这个'天宫'呢？"记者继续发问："可否谈谈这次发射在国民经济上的意义？"

"如果说过去的宇航是一种探险活动，那么这一次则是空间开发和应用。空间是一种特殊的环境，对冶金、生物实验和气象遥测等许多研究和实验项目都有其独到之处。还有，空间站创造了人能长期生活的环境，对乘员的要求不是很严格，没有受过特殊训练的科学工作者也可以上去，这就更开拓了它的应用范围。我们甚至设想，将来可以让成千上万的地球人迁居到空间站。"

"这很激动人心。"记者说，"首批宇航员已经登舱了吗？"

"没有。"负责人说，"为了确保安全，发射空间站时暂不载人。等到空间站正式入轨并一切正常后再送人上去，同空间站对接。"

"您估计还要几天才能送人上去？"

"4天。4天以后，我们将发射载人飞船'联盟10'号，有3位宇航员正在待命起飞。"

火箭开始喷火了。

"我还有一个问题，在空中长期飞行，人的衣食住行如何解决？还有，宇航员长期处于孤独状态，从心理学角度看是否有危险？"记者抓紧时间又把录音话筒递过去问。

"时间关系，我不能多说了。"负责人眼睛盯着那跃跃欲飞的火箭笑着说，"空间站设有生活舱、工作舱、服务舱和对接舱。宇航员进餐、睡觉、上厕所、体育锻炼都很方便。食品有几十种，不像以前的宇航飞行那样总是吃'牙膏'式食品。我们为宇航员准备了肉、奶、水果、汤菜、点心等。因为有加热装置，他们还可以吃到热菜呢！

空间站上还有电视、录像机，可以
听音乐、看电视。我们还会定
期用飞船运送燃料和食物等，
包括亲人的信件。所以，宇航
员是不会感到太孤独的。看，
它起飞了！"

> 发射场响起巨大的轰鸣声。火箭冲入云天，很快就消失了。

4 天以后，巨大的"质子"号
运载火箭将 3 位宇航员乘坐的"联盟 10"号飞船送入轨
道。"联盟 10"号和"礼炮 1"号对接成功，宇航员顺利
进入了空间站。这一新闻惊动了全世界。

美国发射空间站的工作也在紧张进行着，到 1973 年
5 月大体准备就绪。

发射前夕，一名满脸稚气的中学生来到宇航中心寻找
负责人。

"我叫尤·迈尔斯，是马萨诸塞州的一名高中生。听
说你们搞了个'天空实验室中学生研究计划'，我很感兴
趣，想来提个建议。"他对一位官员说。

"太迟了。"那官员抱歉地说，"我们已经对学生们的
建议做了筛选。我们从 3409 项课题中选了 18 项。你知
道，天空实验室有许多重大科研项目，学生们的课题不过
是捎带而已，不能太多。因为实验室容积有限。"

"太可惜了！不过，我觉得我的建议很有趣，您能不能通融一下？我特地从很远的地方赶来，您不应该让我失望啊！"

那官员被这位学生的热情感动了，笑着说："好吧，我找几位专家来，听听你的建议。"

不一会儿，这位中学生当着几位专家的面，从书包里的瓶子中放出几只蜘蛛来。

"蜘蛛是怎样织网的？在地球上它是依赖重力的帮助。"迈尔斯的话语间带着未褪的稚气，但他的表情却很严肃，像老师讲课一般。他说："太空中没有重力，织网过程将遇到困难。研究蜘蛛在失重状态下的结网情况，将涉及生物学、力学等一系列问题。何况，这一实验用不着专门的仪器，把爱尔倍拉随便放到哪个角落里都行。"

"谁叫爱尔倍拉？"专家们扬起眉毛问。

"它！"迈尔斯指着一只蜘蛛说，"这是我给它起的名字。还有这一只，名叫安尼塔。它们是我从许多蜘蛛中选出的，结网速度最快。让它们去吧，我求求您了！"迈尔斯急得要哭了。

大家笑了。经过一番讨论，大家同意将迈尔斯的建议列入计划并向上级申请。

1973 年 5 月 14 日，美国的第一座空间站——天空实验室进入了预定轨道。这座空间站外形像个啤酒瓶子，最大直径为 6.5 米，长度为 36 米，总重为 82 吨。此空间站与苏联的"礼炮1"号相比，无论体积还是重量都略胜一筹。几天后，3 位宇航员乘坐阿波罗飞船向空间站驶去，对接后打开舱门进入了空间站。

"我的爱尔倍拉呢？"迈尔斯应邀坐在航天中心的一个电视屏幕前。他通过电视看到"天空实验室"内仪器繁杂，宇航员忙碌不停，不禁有些着急了。

"过一会儿才能轮到你的实验呢。"一位官员安慰迈尔斯说，"首先，要研究宇航员的生理状态，这很重要。人处于失重状态，肌肉松弛，心脏挤压血液时不需克服重力，机能将减退，血浆和红血球要减少，骨骼中钙质也要流失。我们要弄清楚，这个过程会持续多久，人能忍耐多久，这对未来的宇航事业关系极大。"

"你们感觉如何？"控制中心向太空发出询问，迈尔斯和那官员的谈话被打断了。

"很好，不适感已经过去了。"从太空传来宇航员的回答。

"好，打开太阳望远镜！"控制中心发出命令。这时控制大厅内很安静。人们在注视着宇航员的每一个动作。

"为什么要从太空去观测太阳呢？"迈尔斯低声问坐在他身旁的那位官员。

"那里不受大气干扰，看得清楚。"那官员有些神秘地低声说，"空间站上装着一台世界最大的太阳望远镜，有8个镜头，将拍摄上万张照片，可深入研究对地球至关重要的太阳的活动规律。听说，这一项要花费1.2亿美元呢！"

"看，我的爱尔倍拉！"

突然，屏幕上出现了一只蜘蛛，迈尔斯惊叫起来。他从座位上站起来，目不转睛地盯着它。

那蜘蛛在舱内一个角落里飘浮。显然，它已被空间的失重环境弄得晕头转向。它紧紧抓住一处凸起的舱壁，惊慌失措地东张西望。

它开始小心翼翼地爬动。又过了一会儿，它似乎胆壮了一些，开始吐丝织网。但它像中了"魔法"一样东摇西晃地游动着，丝网互相纠缠，很快乱成一团。

"向左！用劲！爱尔倍拉，加油！"

迈尔斯涨红了脸，握着拳头替蜘蛛着急，可又帮不上蜘蛛的忙。他叹了一口气，说："看来没有希望了！"

这时，摄像机转换了方向，蜘蛛从屏幕上消失了。过了一会儿，摄像机的镜头又对准了那只蜘蛛。迈尔斯脱口大喊起来："太妙了，爱尔倍拉真是英雄！"大家向屏幕上看时，那蜘蛛正稳稳地坐在它结成的"八卦阵"上，等待着擒捉"飞来将"呢！

天空实验室坠毁了

　　美国的空间站——天空实验室入轨后，先后有 3 批宇航员乘阿波罗飞船进入其中，完成了许多重要的科研项目。他们用 13 个波段的光谱遥感技术，获取了大量地球海洋、土地、森林、矿藏等方面的宝贵资料，这些资料对经济和军事都很有用。此外，他们还证明，宇航员在失重状态下，血浆、钙质流失和其他生理剧变需经 40 天左右才能趋于稳定。这一点对今后的长时期宇宙航行很有价值。

　　天空实验室正准备接待第四批宇航员时，突然发生了意外。

　　1979 年 7 月 11 日深夜，美国宇航局的专家们被急促的电话铃声吵醒了。

　　"命令：紧急会议。立即赶来。"

　　很快，宇航局会议室灯火通明，人们围坐在长桌旁，听一位官员介绍情况。

"根据观测，天空实验室轨道下降得很快。大约是明天，将坠落下来。地点预计在澳大利亚附近。据分析，由于天空实验室的体积庞大，在坠入大气层后不会全部焚毁，将裂成 500 块左右的碎片。大碎片的重量可能超过一吨。这样，如果碎片落入城市，将造成灾难。希望大家来讨论一下应急方案。"

"提个问题：为什么会这么快坠毁？"一位专家说，"根据设计，天空实验室的初始轨道有 440 千米，至少可以运行 10 年。现在才 6 年多，是否发现了其他因素？"

"是的，这很奇怪。"那官员说，"大家可能还记得，我们在发射时曾设想它们可以运行到 1983 年，那时我们研制的航天飞机将投入使用。我们将用航天飞机把它推入更高的轨道，如 1000 千米以上的轨道。在那里，它至少可以运行 100 年……可是……"他摊开手，表示无可奈何。

"情况是这样的。"一位军官站起来说。人们立刻认出，他是北美防空司令部的一位专家。他说："我们在全球雷达网上早就发现了天空实验室的轨道变化。据分析，这种变化与太阳黑子有关。我们知道，近年来太阳活动达到峰值，强大的太阳辐射引起大气层受热膨胀，近地空间空气密度增加、阻力加大，所以天空实验室下坠。""那么，苏联的'礼炮6'号空间站轨道只有350千米，比天空实验室更低，为什么不提前坠毁？"有人提出质疑。"自然规律对谁都一样。"那军官笑了起来，"我们准确地记录了'礼炮6'号的轨道变化，并且已经对苏联当局做了忠告：如不采取措施，'礼炮6'号将在8月份坠毁……"

"诸位，安静！"会议主持人打断了人们的讨论，着急地说，"现在不是高谈阔论的时候。必须采取措施，怎么办？"

"可以用一支火箭将它推到高轨道！"

"不行！由于天空实验室的某些部件已损坏，对接将很困难！"

"用核武器让天空实验室化为气体！""不行，这对全世界都有危险！"

"疏散人口！通知坠落地区所在国家进入戒备状态！""不行！这牵涉的人力物力太大了！"

大家紧张地思索，提出各种建议，但几乎立刻就被否定了。过了一阵儿，大家陷入沉默。看来，只有听天由命了。

从航天中心不断传来最新的观测结果。有人暗暗祈祷，希望灾难不要降临到人口密集的大城市。专家们紧张地听着观测报告。

"进入大气层！"

"无线电信号中断！""目标消失！"

急促的电话铃声响起。当一位官员拿起电话后，人们从他转忧为喜的脸色上知道危机过去了。他放下电话说："据报告，0点37分大部分天空实验室碎片已经坠落在澳大利亚西南部，那里很荒凉，荒无人烟。"

现在，我们要把视线转向苏联的"礼炮6"号空间站，看看那里是什么情况。

宇航员柳明和利亚霍夫正在脚踏练习器上，进行着每天例行的体育锻炼。他们不知道，他们居住的这座"天宫"也在缓缓下坠。

在空间站上进行体育锻炼不是件容易的事。因为人处于失重状态，行动极为困难。但是为了防止肌肉萎缩，增强体力，按照航天规范，必须坚持锻炼。他们两人用手握住车把，踏了足足两个半小时，衣服里已是汗水涔涔了。

"休息一下吧，柳明！"利亚霍夫说。他是轨道站的指令长，也是苏联空军的现役中校军官。柳明是轨道站飞行工程师。他俩已经在"礼炮6"号中待了170多天。

"好！"柳明离开了脚踏练习器气喘吁吁地说，"我们也该去看看可爱的菜园了！"

两人手拉手，小心翼翼地绕过堆满仪器的舱间过道，"飘"向工作舱一角。那里，特制的花盆里种着豌豆、郁金香球茎和另外几种植物。他们要观察植物能否在失重状态下生长。

当他们来到"菜园"跟前时，神情立刻变得颓丧起来。豌豆叶子枯了，郁金香球茎的绿茎已经长到50厘米，而且顶上出现了金黄色的蓓蕾，但不知何故，今天也蔫了。

"发生了什么事？"柳明用手捏了捏根部的泥土说，"并不缺水分呀！"

"难道是舱内太热或者二氧化碳太多？"利亚霍夫扶起蔫了的茎，惋惜地说。

"不会。工作舱有两套温度调节系统。尽管轨道站向阳的一面与背阴的一面温差高达280℃，但舱内却总是15℃至25℃……"柳明像背诵教科书一样说出一系列数据，说明他作为工程师是很称职的。他指着仪表上记录的曲线说："看，这是温度，这是气压，都是植物生长的最佳值。看这儿，再生和净化空气的装置工作也很正常，气体成分也符合规范要求。"

柳明不和他争论，只叹气说："看来，植物不如人的适应能力强。它们都陆续死去了，在失重环境下它们熬不过去，而你和我却生活得很好。"他说着又用特殊的"注水器"给植物浇水。

"是的。我刚才测量发现，我还长高了3厘米呢！我想，不用人造重力，宇航员也可以在太空旅行几年，可以到火星、金星去旅行。你说是吗？"

"对！我们预定的时间快到了。应该向控制中心报告，请求延长在太空站居住的时间，我们还能坚持很久！"利亚霍夫热情地说。

"注意！利亚霍夫指令长！"控制中心突然发来命令，"请你们做好准备，迎接'进步7'号飞船。飞船上装载有水、食品、氧气和燃料，还有新鲜蔬菜和水果。你们应该像往常一样，对接完成后立即卸下货物，并把垃圾和废物装进去。明白吗？"

"明白！这已经不是第一次了！"利亚霍夫满不在乎地说。

"不！这一次不同！运输飞船还携带一支火箭，完成装卸作业后不要脱离，火箭要点火！"

"为什么这样做？"利亚霍夫意识到发生了紧急情况，急切地问。他神色严肃但并不慌乱。

"是这样，"控制中心语气尽量缓和地说，"鉴于轨道站有下坠趋势，我们准备推它一下！把它推到安全的高层轨道上，以免很快坠入大气层。经研究，你们应退到和轨道站已经对接的'联盟32'号飞船上，以防发生意外。"

"明白！"他们回答。

这时，透过双层石英玻璃的舷窗，利亚霍夫和柳明看到，闪着银光的飞船正向航天轨道站奔来。不一会儿，随着轻微的震动，"进步10"号飞船的火箭助推器点火，将"礼炮6"号的轨道由350千米推到405千米。

一场危机终于过去了。

骄傲的小草

　　关于苏联空间站的设想最早可以追溯到俄国航天之父——齐奥尔科夫斯基。他曾提出，人在飞向其他行星之前应首先在地球外面建立一个"立脚点"。随着人造卫星技术的日臻成熟，空间站的设想逐步变成现实。从1971年开始，苏联以"礼炮"命名，成功发射一系列空间站。"礼炮6"号是第6个，共在太空飞行了4年零10个月，接待过16批共33位宇航员，成效最大。

　　1982年5月13日，"礼炮7"号空间站又在漠漠太空遨游，像刚落成的新旅馆一样，等待着第一批旅客的到来。它那圆柱形的舱室外面，伸出了宽大的"翅膀"——太阳能电池板。太阳的能量通过这些电池板转换成电能，输入空间站。

　　"到目前为止，美国人在太空居住的最长期限是84天，我们的纪录则是185天。这次，希望你们创造新的纪录！"在拜克努尔航天中心，一位将军为苏联宇航员别列佐沃伊和列别杰夫送行。他们都已穿好宇航服，进入联盟号飞船。

"再见，我们一定完成任务！"宇航员们满怀信心，招手致意。

"一切当心！"将军像嘱咐远行的儿子一样，深情地喊着。其实，在发射前嘈杂的声浪中，宇航员们可能没有注意他的讲话。一阵强大的点火轰鸣声过去后，拜克努尔发射场终于安静下来。

太空中的人儿此刻开始了孤独而漫长的飞行生活。

太空中无声无息，用宇航员们的俗语，那叫"伟大的寂静"。

空间站内有不少有趣的事情。睡觉用不着床和枕头，因为没有重力，没有所谓"上""下"之分，坐着、躺着、站着都一样。舱壁上有一个网兜，钻进去，站在那里就可以睡觉了。网兜的作用是防止宇航员睡着以后乱飘乱动。睡觉时要戴上口罩；否则，小的飘浮物会钻进鼻孔。吃饭喝水不用桌子，杯盘刀叉随便放在空中都静止不动。水泼出来可就麻烦了，水将成为许多圆球，在空中乱飞，若不小心呛入鼻孔，会呛死人的。

但是，尽管很有趣，待的时间长了仍然会感到寂寞。

以前曾用猴子或其他动物进行过太空飞行实验，经过长时间飞行，它们有许多变"疯"了。当然，人和动物不同，他们会主动地设法排除寂寞，适应环境。此刻，指令长别列佐沃伊正在调整录音机。

"听什么？"他问工程师列别杰夫，"来一段俄罗斯民歌，好吗？茫茫大草原，路途多遥远，有个赶车人，冻死在天边……"

"这太让我们伤心了，不要听吧！"列别杰夫笑着摇摇头。

"那么，听听雄鸡高唱，好吗？我录了好多动物的美妙叫声，太美了！"

蓝色的地球上各种景物从舷窗外闪过。每隔一个半小时，空间站就绕地球一周；也就是说，每一个半小时他们就会看到一次日出和一次日落。北半球现在正是夏初时节，大片大片的绿色从眼前闪过，那是森林和田野。

录音机中传出百灵鸟的婉转歌声。宇航员们欣赏着百鸟啼鸣，顿时感到心旷神怡。接着，录音机里又响起树叶被轻风吹动的飒飒声、小溪流水的淙淙声和牧羊人的吆喝声，使宇航员们仿佛回到风景秀丽的山区……

"让我们继续工作吧！"列别杰夫关上录音机说，"时间虽然还多，但仍是宝贵的！"

他们将一个名叫"火花2"号的小型卫星装进特殊舱室，进行检查测试。几秒钟后，仪表显示，卫星一切正常，处于待发射状态。接着，他俩小心翼翼地将这颗小型卫星放进一间带有闸门的小舱室——这是一个由固定外壳和活动的内壳组成的空心球体——旋转后，球体开口就与空间站舱门出口相吻合了。

"一切准备完毕！"别列佐沃伊向控制中心禀报说。

"发射！"控制中心传来命令。

弹射装置发动了，小型卫星轻轻离开了空间站，进入空间。开始，它和空间站并肩而行，宇航员仿佛伸手可触。但每当空间站绕地球一周，卫星就要落后一段。到第二天，在漆黑的宇宙背景下，宇航员就再也找不到它的踪影了。

从空间站上发射卫星比地面上容易多了。他俩轻而易举地完成了这次发射，显得很高兴。不久，他们又进行了在空间站舱外行走和工作的大胆尝试。

这一天，他俩穿上了航天服，并仔细地互相检查。因为宇宙空间是高真空状态，它能像一个巨大的吸尘器一样，把空间站内的空气一下子吸光。所以空间站的舱门都有两道，宇航员打开第一道门时要随手关好，再去开第二道门。

列别杰夫先探出半个身子，接着稍一用力，整个身子便飘出了舱外。以防万一，有一条安全绳索把列别杰夫和空间站连在一起。

列别杰夫来到舱室外侧一个特制的小平台上，从口袋中取出工具，便开始工作。他用扳手把一个螺帽卸下又重新拧紧，接着又开始拆卸仪器。这些动作都是"假动作"，目的是考查人在空间的工作能力。

"糟了！"列别杰夫大喊起来。他手中的一把钳子突然脱落了。

那钳子并不像在地球上那样向下坠落，而是悬浮在空中。当列别杰夫伸手去抓时，手指头的冲力又使它向远处飞去。

"算了吧！这里还有！"别列佐沃伊也已经顺利地走出舱门，此刻正向列别杰夫靠近。两人相视，笑了起来。工作完成后，两人手拉着手又回到舱内。

一天又一天，一月又一月，他们每天有规律地生活和工作，已经习惯于失重环境了。他们甚至有些喜欢这种生活了，因为身体变得轻飘飘的，行动毫不费劲。从太空看地球的景色，由绿渐渐变黄，现又变成白色。他们在太空已整整度过了221天，离家时刚刚初夏，现在已是到处冰雪的严冬了。

"明天要返航了，你在想什么？"别列佐沃伊笑着对列别杰夫说，"你一定想家了，最近你经常听古老的俄罗斯民歌。"

"有点，"列别杰夫坦率地承认，"但并不像小说里说的——归心似箭。我感到还应该再做一些事情，我不满足……"

"别遗憾，我们下次再来。你手里拿的是什么？"别列佐沃伊盯着列别杰夫的手。

"种子。"

"什么种子？"

"这可是宝贝，刚好200粒。"列别杰夫举起一个小塑料袋说，"我觉得，这是我们最重要的收获之一。你想，我们太空菜园的所有植物，无论是豌豆、小麦还是萝卜、燕麦，都先后夭折了。只有这种阿拉伯小草，战胜了失重的环境，并开花结籽。这多么不简单呀！想不到，这种在地球上被人们瞧不起的小草在太空却独占魁首！它的开花结籽说明在未来的宇宙航行中可以自身解决粮食和蔬菜问题，你说对不对？"

别列佐沃伊接过这一小袋种子，深情地说："是的，除了我们两人，空间站上坚持下来的生命只有阿拉伯小草和小球藻了，这很令人激动。"

　　他们按照控制中心的命令最后一次检查和调整仪器，并且像有礼貌的旅店客人一样把"房间"——空间站清扫并整理得井井有条，然后退入和"礼炮7"号相接的"联盟号"飞船。他们将乘坐这条飞船返回地球。指令长别列佐沃伊关好舱门，对控制中心说：

　　"我们已离开空间站！"

航天飞机

　　前面所讲的宇宙飞船都是一次性的，当宇航员返回时飞船就不能再使用了。能否研制一种可反复使用的类似飞机一样的航天器呢，那不是既方便又省钱吗？是的，这就是"航天飞机"。

　　如果我们能像坐飞机一样，买一张票就可以上去，按时到达某个星球旅游一番再准时回来，那该多好啊！这个理想将来会实现的，但现在还不行。航天飞机是人类迄今为止制造的最复杂的机器，它还没有完全被人类"驯服"。何时能"驯服"它呢，这就得看地球人（包括你）努力钻研的程度了。

　　下面要讲的是航天飞机首航前后的故事。

小心翼翼安装"鳞片"

  1971 年 1 月 5 日，美国总统尼克松在西部白宫举行了一次记者招待会，宣布美国将研制航天飞机。1972 年 7 月，美国宇航局宣布加利福尼亚州洛克韦尔国际公司空间分部为航天飞机总承包商。这个公司曾研制过阿波罗飞船。同时，美国宇航局在佛罗里达州的卡纳维拉尔角大兴土木，为这只"巨鸟"的上天铺设跑道和改建发射场。到1975 年，美国 47 个州中共有 3400 万人在为航天飞机忙碌。

  开始还算顺利。到 1976 年 9 月 17 日，第一架供地面试验用的样机"企业"号已经制成。但紧接着厄运就来了，地面试验一次又一次失败，发射日期一延再延，原计划 6 年完成的任务实际上却用了 9 年，投资额也由预定的 50 亿美元增至 100 多亿。人们对它的热情期望由于长期的不能兑现而变成了愤懑和不安。

  这一天，被命名为"哥伦比亚"号的第一架航天飞机被运到了卡纳维拉尔角。1200多名工人要在它的"身上"，尤其是在"腹"部和"尾"部，粘贴防热瓦片。

在整个研制过程中，这是一道很关键的工序。

"注意，要戴好手套，不要用手摸这瓦片。用通常的话说，要像摆弄鸡蛋一样……"现场工程师经常向工人们这样絮叨着，"这个活可不好干！防热瓦是用非晶硅增强纤维和硅粉末胶黏剂制成的，绝热性能在当今世界上堪称一流。有人做过试验，把它放在火炉中烧得白热发光，取出炉后2分钟就可以用手摸它的表面，一点也不会感到烫手，而瓦的中央部分实际上还处于白热状态……

可是，它娇气得很，很脆，强度也很差，不小心用手摸一下，就会出现凹坑……"

两名青年工人费了九牛二虎之力才粘上了一块防热瓦，他俩有点筋疲力尽。这项工作已进行一周了，1200多名工人昼夜不闲，才粘好

了700多块。而整个航天飞机需要粘30000多块，这可真是让人望而生畏呀！

"干吗要贴这些讨厌的东西！我从来没有干过这样叫人不痛快的活。"一名工人说。

"别小看它！"另一名工人显得知识渊博，慢吞吞地说，"听说航天飞机的飞行速度有时要比音速快20多倍。当它再入大气层时，外蒙皮表面温度可高达1600℃。如没有这种'鳞片'保护，恐怕航天飞机一刹那就会化为灰烬。"

"那么，以前许多飞船，包括阿波罗在内，不都安全返回了吗？"那工人不以为然地反问道。

"是的，但那飞船返回以后就不能再用了。航天飞机则不然，它可以从地面到太空往返飞行100次以上。不仅如此，由于它的座舱经过特殊设计，飞行平稳安全，普通人只要稍加训练也可以乘坐它上天旅行，这一点更让人向往。"

"你是说，像我这样的普通工人也可以参加宇宙航行？"

"当然可以。"那位知识渊博的工人笑了笑说，"不过，现在我们得认真粘好这30000多块防热瓦片。来，干吧！"

他们向工作地点走去，忽然看见现场工程师走过来，他的神色显得严肃而紧张。

"立即停止工作！"他发出命令。

"发生了什么事？"大家诧异地围上来。

"根据测试，我们粘好的防热瓦不符合要求，黏接强度太低，在将来的飞行过程中，由于震动、冲击和温度变化，很可能会脱落下来。"

"那怎么办？"大家七嘴八舌地嚷起来。

"全部揭下来！"现场工程师看到大家惊愕的面孔便又补充了一句，"是的，我们已经费了这么多心血和汗水，但这是总工程师的命令，目的是确保航天飞机的安全。"

1981年4月12日，卡纳维拉尔角肯尼迪航天中心上空，天气晴朗，偶有云朵飘过。饱经磨难、耗资惊人的航天飞机"哥伦比亚"号终于在众目睽睽之下竖立在39号A发射台上，昂首向天，整装待发了。

距发射台4.8千米之内是警戒区，处处戒备森严，但外围却早已人山人海、热闹非凡。来自世界各地的记者和摄影师几天以前就云集这里，许多镜头已对准那座70多米高的铁塔和伏在铁塔上的"三角翼怪鸟"——航天飞机。发射场周围方圆几十千米范围内，有近100万从全世界各地赶来观光的游客。他们目不转睛地盯着"怪鸟"，等待着发射时刻的到来。

在航天飞机"哥伦比亚"号的驾驶舱里，宇航员约翰·杨和罗伯特·克里平满怀喜悦地坐着。当听到"两小时准备"的命令时，他们知道，这次是正式发射了。

约翰·杨今年50岁，他是"空间老将"了。从1965年起，他先后4次飞出地球：头两次是参加双子星座飞船的飞行，后两次则是阿波罗登月飞行。尤其令他难忘的是1972年那一次，他在月球上度过了20个小时。

罗伯特·克里平今年43岁，原是海军中尉。他自从被选为宇航员后一直是"候补"，已经等待了12年。今天，他遨游太空的愿望就要实现了，兴奋之情自然难以言喻。

他俩丝毫不感到紧张。因为从1978年1月起，他们进行了连续3年多的严格训练。他们熟读了一套21卷的航天手册。这套手册详尽地介绍了航天飞机的结构、性能，以及从发射到返回的全部工作程序。宇航员们每周要用25个小时接受导航、天文等方面的正规指导。他们还要在模拟驾驶室中花费1200多个小时来熟悉像迷魂阵似的各种开关和5台计算机。

为了适应空间失重条件，他们经常身穿宇航服进入水箱。由于水的浮力作用，他们也能像在空间一样处于"失重"状态。水箱里有一个"哥伦比亚"号模型，他们就在模型中练习飞行。

当地时间7点整，倒计数数到"0"。

一瞬间，三股烈火从航天飞机尾部喷出，这是3台主发动机起动了。半分钟后，2台固体火箭助推器点火，从这两个口径为3米的喷口喷出的烈火与发动机口径为2.4米的3个喷口喷出的烈火合为一股，发出震天动地的怒吼，总重2000多吨的庞然大物在强大的推力下徐徐上升，周围5000米内的建筑物都在这惊天动地的狂飙中震动不已！

2分钟后，固体火箭助推器已耗尽了1000吨燃料，熄火了。为了轻装前进，它被抛向大西洋。又过了5分钟，3台主发动机的燃料——600多吨液氧和100多吨液氢也耗尽了。燃料箱和航天飞机分离，落入大海。航天飞机开动了机动系统发动机，向着轨道逼近。

突然，控制中心有人惊呼：

"不好，由于发动机震动强烈，防热瓦开始脱落！"

"大鸟"飞回来了

  防热瓦的脱落引起美国宇航局管理人员的一片惊慌。他们急需了解瓦片脱落的程度。

  "美国空军司令部吗？"控制中心开始接通外线电话，"我是'哥伦比亚'号控制中心。有紧急请求。"

  "请讲。"对方说。

  "根据传感器的讯号，我们发现'哥伦比亚'号尾部有十几块防热瓦脱落。我们更关心的是腹部防热瓦的情况。请你们用跟踪卫星的高分辨率相机拍摄航天飞机的腹部照片。"

  "防热瓦每块有多大？"对方询问。

  "15厘米见方，厚约2.5厘米。这对你们的相机来说，大概不成问题。据说你们的相机可以看清3万千米处的一个棒球。"

  "技术上没有问题，但相机正执行军事任务，是绝密级任务。"

"我们只用片刻。"

"让我们研究一下。"

过了一会儿，空军司令部同意了航天中心的请求。高分辨率照片很快传送到了控制中心的屏幕上。大家定睛一看，发现航天飞机腹部的防热瓦整整齐齐，完好无损，而腹部的防热瓦对于航天飞机再入大气层的安全是至关重要的，大家这才松了一口气。

在航天飞机"哥伦比亚"号上，约翰·杨和罗伯特·克里平正在睡觉。从4月12日早晨7点到4月14日0时，他俩已经完成了42小时的飞行任务。按照计划，他们要飞行54小时。由于几天的劳累，他们已经进入了甜蜜的梦乡。

"丁零零……"警铃突然响起来。

他们立刻睁开眼睛。经过一番检查，发现给航天飞机供电的三套辅助电源中有一套因温度过低而出现故障。他们进行了维修但无济于事，于是向控制中心作了报告。

"不用担心。"控制中心回答说，"三套辅助电源中，只要有一套正常工作，就可以保证安全返回。你们可以继续睡觉、休息。"

当他们再次醒来时，听到一阵悦耳的歌声。原来，离降落只有4个小时了，控制中心用遥控指令打开了录音机，提醒宇航员们：该起床了！

宇航员们立即紧张地工作起来。他们忙着检查设备和动力。

"注意，已到印度洋上空，掉头！"

随着控制中心发出的准确的指令，受计算机控制的航天飞机尾部朝前飞行。这时，轨道机动用发动机点火，"哥伦比亚"号减速下降。

"哥伦比亚"号从 80 千米高处进入稠密的大气层，因剧烈摩擦产生的电离气体中断了无线电通信。此刻，宇航员们最担心的仍是防热瓦是否会脱落。

"一切良好！"

当宇航员听到控制中心的呼叫声时，他们已经看到了美丽如画的加利福尼亚海岸，心情自然激动万分。

在大约 12 千米的高空，约翰·杨像喷气飞机驾驶员那样，用手控制航天飞机的襟翼、升降副翼、舵和减速板进行机场着陆。这时，航天飞机的速度为 346 千米每小时，比喷气飞机的降落速度要快 48 千米每小时。但是，约翰·杨是老牌驾驶员，这对他来说无所谓。

"哥伦比亚"号降落的地点选择在爱德华兹空军基地的一个方圆 114 千米的干湖床上。可以说，整个湖底都可以做跑道，无论哪个方向都可以向外伸展几千米，所以即使有些降落误差，也没什么要紧的。

数十万观众围着湖床，等待着这个"大鸟"的降临。来了！这只价值100亿美元，历时9年才研制出来的"大鸟"终于呼啸着来到了人们面前。它在干湖床上滑跑着，由于速度很快，轮子被摩擦得冒着浓烟。

人们想拥上去观看，但被警卫人员拦住了："谁也不许靠近！"

技术人员等航天飞机停稳，蜂拥而上。他们用电子"鼻"在航天飞机上到处"嗅闻"，以确定航天飞机周围是否有有害气体。接着，带有长长的橙色软管的车辆开进场内。工作人员把软管插入飞机左侧，吸吮剩余的容易爆炸的氢燃料，并将湿润的空气打入右侧，清洗残余的有害气体。

20分钟后，一辆带有梯子的汽车凑上前去，技术人员打开舱门，帮助宇航员离开航天飞机座舱，进入专车。宇航员们脱下宇航服后进行了十几分钟的体检，接着在机场出席了隆重的欢迎仪式。当天晚上，他们要乘专机到休斯敦空间中心进行5天的详细汇报。

"哥伦比亚"号航天飞机首航成功引起了世界的强烈反响。联合国秘书长瓦尔德海姆说："我相信，这一感人至深的壮举不仅将推动未来的空间探索，更对人类文明的

整体发展具有深远意义。"全世界千千万万的人彻夜不眠，等待观看电视现场转播"大鸟"着陆的壮观场面。

是的，"大鸟"飞回来了。

> 人类在航天的征途上已经取得了辉煌的胜利，但展望未来，任重而道远。

地球虽好，但从长远看来，它的资源不多，而人口在不断增加。因此，向其他星球移民、寻找人类新的发展空间势在必行。也许将来有一天，成千上万的"大鸟"将载着我们的后代腾空而起。他们将向地球招手说："再见了，母亲！"而他们的后代的后代，讲到地球时就会想起一个古老的故事。故事的开头也许是这样的：

"在很久很久以前，在很遥远很遥远的地方，有一个蓝色的星球，它叫地球。地球上住着一些很聪明的人，他们发明了神奇的火箭，后来又利用火箭技术制成航天器。在地球不适合人类生存之前，航天器将我们的祖先送到了这里。孩子们，你们的幸福生活可来之不易啊，不要忘记了我们的故乡地球，更不要忘记那些勇敢而智慧的地球人。当你们在晨光中奔跑时，可听见地球母亲在群星间的呼唤？"

逐梦九天：
中国航天的星辰征途

你知道吗？中国航天人用半个世纪的时间，完成了一场震撼世界的"太空马拉松"。让我们戴上"科学护目镜"，从三个维度解读这场星辰征途。

从算盘到空间站的技术跃迁

1970年4月24日，酒泉发射场的科学家们用算盘计算轨道参数，将中国第一颗人造卫星"东方红一号"送入太空。这颗重达173公斤的银色卫星播放的《东方红》乐曲，成为了中国航天最浪漫的入场式。

2003年，杨利伟乘坐神舟五号首次叩开太空之门时，中国已掌握载人航天的三大核心技术：

1. 生命保障系统：能精准调控飞船内的氧气、温度；

2. 逃逸塔设计：紧急情况下可在2秒内带航天员脱离险境；

3. 天地通信：太空舱内实时传输高清画面。

2021 年建成的天宫空间站更展现惊人实力：

1. 世界首个"三舱＋飞船"柔性组合体；

2. 机械臂可搬运 25 吨设备（相当于 5 头非洲象）；

3. 太空实验室能培育水稻，研究癌细胞在失重状态下的变化。

月球背面的中国脚印

当其他国家还在探测月球正面时，中国嫦娥四号已实现人类首次月球背面软着陆。这个被地球永远遮挡的区域，藏着 46 亿年前的宇宙秘密。

探月工程三大突破：

1. 嫦娥五号：钻取 2 米深月壤，带回"最年轻"月球样本；

2. 玉兔二号：在月面工作超 4 年，发现神秘"玻璃球"物质；

3. 鹊桥中继卫星：架设地月通信桥梁，信号传输仅需 1.3 秒。

科学家在月壤中发现氦 -3 元素，这种清洁核燃料足够人类使用万年。或许未来月球基地的能源站，就由今天的发现者建造。

向深空进发的中国方案

2021年5月15日，天问一号着陆器在火星乌托邦平原砸出中国印记，这里埋藏着大量水冰，可能是寻找外星生命的关键区域。

祝融号火星车生存指南：

1. 自主唤醒：遇到沙尘暴自动休眠，阳光充足时"伸懒腰"发电；

2. 激光探测：10秒击穿岩石分析成分；

3. 立体视觉：3D避障系统比人类眼睛精准100倍。

偷偷告诉你：火星上一天比地球长40分钟，祝融号每天都要"加班"哦！

星辰大海的征程从未停歇，正如中国空间站舷窗外永恒流转的星河，等待着新一代探索者的目光与脚步。当你抬头望月时，请记住：那片寂静的环形山上，正闪烁着中国的科学之光。

小航天迷必知

★中国火箭叫"长征"，就像红军爷爷一样不怕困难。

★空间站能用激光快递（高速通信）传数据，比家里的Wi-Fi快100万倍！

★卫星会帮忙找地下宝藏、预测台风，连你家的导航都靠它们！

未来任务剧透

科学家正在准备更刺激的冒险：去小行星挖矿、去木星看闪电风暴，还要在月亮上盖房子！说不定等你长大，可以报名当月球导游呢！

如果让你设计太空任务，你想做什么？

①在火星建冰淇淋工厂

②骑彗星环游太阳系

③和外星人打乒乓球

④_____

⑤_____

⑥_____